いちばんやさしい 新しい AWS(アマゾン ウェブ サービス)の教本

人気講師が教えるDXを支えるクラウドコンピューティング

インプレス

Profile

著者プロフィール

近藤恭平（こんどう・きょうへい）

株式会社サーバーワークス
東京大学大学院新領域創成科学研究科修了。院生時代に学習塾の立ち上げに携わり、Web教材アプリの開発を担当した。そこで、開発を通じてアイデアを実現する楽しさを知る。現職では主にフロントエンド開発と、お客様へのAWSトレーニングと内製化支援を担当。

中村哲也（なかむら・てつや）

株式会社サーバーワークス
SIerで大手キャリアのインフラ構築、運用設計などを経験。その後AWSを使用したサービスのマネージャーとして、サービス拡販のためのマーケティング業務を行う。別SIerにて広報・マーケティングの責任者として従事。2021年6月にサーバーワークスに入社。お客様へのAWSトレーニングと内製化支援を担当。

● 購入者限定特典　電子版の無料ダウンロード

本書の全文の電子版（PDF ファイル）を以下の URL から無料でダウンロードいただけます。

ダウンロード URL：**https://book.impress.co.jp/books/1120101093**

※画面の指示に従って操作してください。
※ダウンロードには、無料の読者会員システム「CLUB Impress」への登録が必要となります。
※本特典の利用は、書籍をご購入いただいた方に限ります。

はじめに

Amazon Web Services（AWS）は、Amazon社が提供するクラウドサービスです。2011年3月に東京リージョン（AWSのデータセンター）が開設されて以来、日本でも多くの企業が利用しており、近ごろでは、企業のデジタル技術を活用しビジネスプロセスの変革や新しい価値を生み出す「デジタルトランスフォーメーション（DX）」を実施するために、AWSを選択することも多くなっています。

しかしDX実現のためにAWSを導入したとしても、物理サーバーの延長で利用しているだけではAWSの恩恵を十分には受けられません。またAWSでは日々機能がアップデートされたり新サービスがリリースされたりするので、すべての情報を追うことは時間的にも困難です。そのため初学の段階で何を学習しておくかが重要です。

私は、株式会社サーバーワークスにてお客様のAWS活用をお手伝いするべく、AWSのトレーニングや内製化支援を行っています。その中でお客様にAWSを活用してもらうために、まずはクラウドの特徴や基礎的な知識をお伝えします。その後、「サーバーレス」や「コンテナ」など、DevOpsを実現するために活用できる技術を習得するといった、学習フローをおすすめしています。

本書は、その流れに沿った構成になっています。第1章でクラウドやAWSの概要と基礎知識の習得を目指し、第2章ではAWSの基本的なサービスを紹介します。そして第3章ではサーバーレスサービス、第4章ではコンテナサービスを紹介しています。これにより、AWSの概要や基本サービスの概要を理解できた次に、よりクラウドらしいサービスを始める準備ができるようになっています。

そして第5章では、クラウドと相性のよい開発手法であるアジャイル開発やDevOpsを紹介し、開発を効率化するサービスである「CI/CDサービス」を、第6章で紹介しています。

このように本書は、AWSを利用していくと発生する学習ポイントに合わせて段階的に学んでいただけるよう構成してあります。本書が、AWSを学ぶ際のお役に立てたら幸いです。

2023年5月
著者を代表して
株式会社サーバーワークス　中村哲也

いちばんやさしい新しいAWSの教本 人気講師が教えるDXを支えるクラウドコンピューティング

Contents
目次

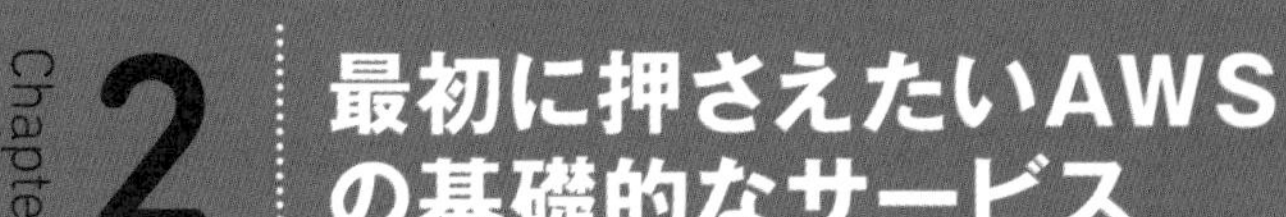
Chapter 2
最初に押さえたいAWSの基礎的なサービス
page 47

Chapter 3 サーバーレスサービスで運用コストを抑えよう page 123

Chapter 4 コンテナサービスでスケーラブルなアプリを開発しよう page 169

Chapter 5 クラウドで用いる開発手法 page 201

Chapter 6 開発を効率化するサービスを使いこなそう

Chapter

1

AWSとは何かを理解しよう

AWSは、Amazon社が提供しているクラウドコンピューティングサービスです。AWSではさまざまな機能が用意されていますが、その前に、AWSの概要を見ていきましょう。

Lesson 01 [クラウドの特徴とメリット]

AWSって何だろう？

このレッスンのポイント

AWSはクラウドサービスの1つです。さまざまなシステムやアプリケーションで非常によく使われており、近ごろの開発では欠かせない存在となりつつあります。AWSとは、そもそも何かという点から解説していきましょう。

AWSはクラウドコンピューティングサービス

Amazon Web Services（以降、AWS）は、インターネット通販で有名なAmazon社が提供している、クラウドコンピューティングのサービスです。クラウドコンピューティング（以降、クラウド）とは、利用者がインフラストラクチャ（インフラ）やソフトウェアを所有しなくとも、インターネットなどのネットワークを通じて、それらのインフラやソフトウェアを利用できるサービスの総称です（図表01-1）。たとえば、皆さんが日頃から利用している電気やガス、水道などの社会インフラも、発電機の購入やメンテナンスなどを気にせずに使いたいときに使えるサービスです。それと同じように、インフラやコンピューターを所有せずに、かつ、購入やメンテナンスなどを気にせず利用できるサービスが「クラウド」なのです。AWSを使うと、AWSが管理しているデータセンター内のハードウェアを借りて、サーバーを稼働させることができます。

▶ クラウドサービス 図表01-1

ネットワークを通じてインフラやサーバーを使えるのが「クラウド」

クラウドが登場する前の形態〜オンプレミス

クラウドが登場する以前は、利用者の施設内にサーバーやネットワーク機器を配置して、利用者自身が物理的な機器を運用する、オンプレミスと呼ばれる形態が主流でした（図表01-2）。オンプレミスには、利用者が選んだ機器を自分たちにあわせてカスタマイズできるため、柔軟性の高いシステムが構築できるというメリットがあります。しかし機器の選定と購入や設置までに時間がかかる、物理機器のメンテナンスなどの知識・技術が必要、機器の運用を自分たちで行う必要がある、といったデメリットも存在します。また、サーバーを誰でもアクセスできる場所に配置しておくとセキュリティ上危険なため、サーバールームを用意して隔離を行う必要があります。そして、熱によるサーバー障害を避けるための空調管理や、自社内にサーバールームや物理的な機器が多くなってきたら、データセンターなどの大掛かりな設備も必要になってきます。

▶ オンプレミス 図表01-2

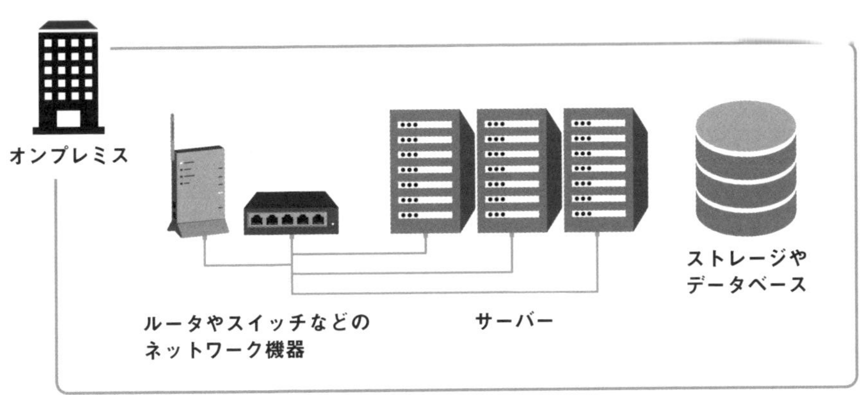

オンプレミスの場合、インフラやサーバーを一から調達し、運用もすべて自分たちで行う必要がある

クラウドは「雲」を意味する単語であり、もともとはネットワーク図でインターネットを表現する際に雲のアイコンが利用されていたことが名称の由来です。AWS 以外のクラウドには、Google が提供している「Google Cloud」や Microsoft が提供している「Microsoft Azure」などがあります。

クラウドなら初期投資が不要

クラウドにはさまざまなメリットがあるので、順番に紹介していきましょう。まずは初期投資についてです。

先ほども述べたように、オンプレミスでシステムを開発する場合、ハードウェアの調達をすべて自分たちで行う必要があります。つまりオンプレミスでは最初に、ハードウェアの購入費用といった初期投資が必要ということです。それに比べてクラウドの場合、最初にハードウェアなどを購入する必要がありません（図表01-3）。

クラウドで用意されているリソースを必要なときに必要な分だけ利用する形式なので、初期投資が不要です。

たとえばAWSでは、仮想サーバーも数クリックですぐに作成できます。

▶ 必要なときに必要なだけ使えるのがクラウド 図表01-3

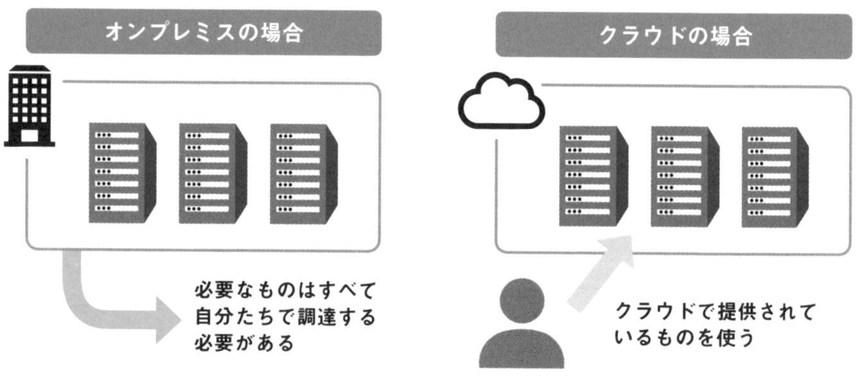

必要なとき・必要なだけという柔軟性がクラウドの魅力

オンプレミスでサーバーを構築するには、サーバーを購入し、そのサーバーが到着してから環境構築を進める、という期間が必要です。一方クラウドでは、いつでも好きなときにサーバー構築ができるので、構築するまでにかかる時間を短縮できます。これは、ビジネススピードの改善にも役立ちます。

機会損失を小さくできる

システムでは、アクセス数や負荷の増減にあわせて、スケールアップ／ダウンをすることがよくあります。スケールアップは、サーバーの性能（スペック）を上げること、スケールダウンはサーバーのスペックを下げることです。

たとえば、ECサイトを運用しているとしましょう。そのECサイトがテレビやSNSで紹介されるなどしてアクセスが急増し、そのアクセス数がサーバーの処理性能を上回った場合、ECサイトに障害が発生したりECサイト自体がダウンしたりする可能性があります。これでは商品を一定期間販売できない、つまり、ビジネスにおける機会損失につながります（図表01-4）。クラウドなら運用を開始したあとでも、設定変更のレベルで、サーバーのスペックを好きなときに上げ下げすることが可能です。つまり、スケールアップ／ダウンが容易です。また、サーバーのCPU使用率などにあわせて自動でスケールアップすることもできます。これにより、機会損失を小さくすることが可能です。

▶ スケールアップ／ダウンの最適化 図表01-4

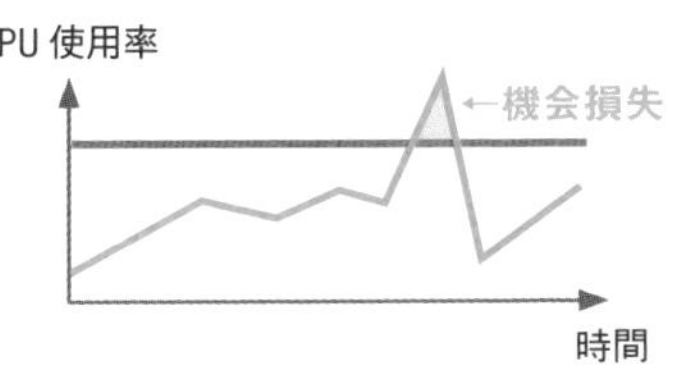

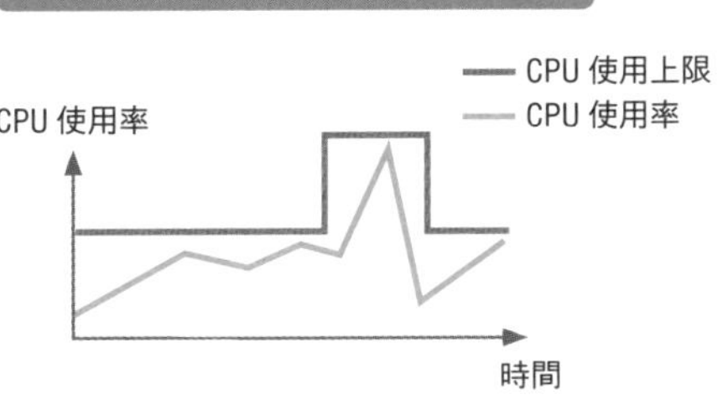

設定変更レベルでスケールアップ／ダウンできるのもクラウドの大きなメリット

クラウドのメリットは、必要なときに必要なだけインフラリソースを追加できるだけではありません。アクセス数が減って不要になったインフラを簡単に削除することも可能です。つまり、スケールダウンによりリソースを最適化し、無駄なコストを抑えることが容易ということです。

開発そのものに専念できる

オンプレミスではハードウェアの管理をすべて利用者自身が行っていましたが、クラウドでは、ハードウェアの管理を利用者ではなく、クラウドを提供する事業者である、クラウドプロバイダーが実施します（図表01-5）。つまり、利用者がハードウェアの運用や保守を行う必要がないので、利用者はクラウド上で稼働させているシステムの開発そのものに集中できます。

▶ クラウドならハードウェアの運用保守が不要 図表01-5

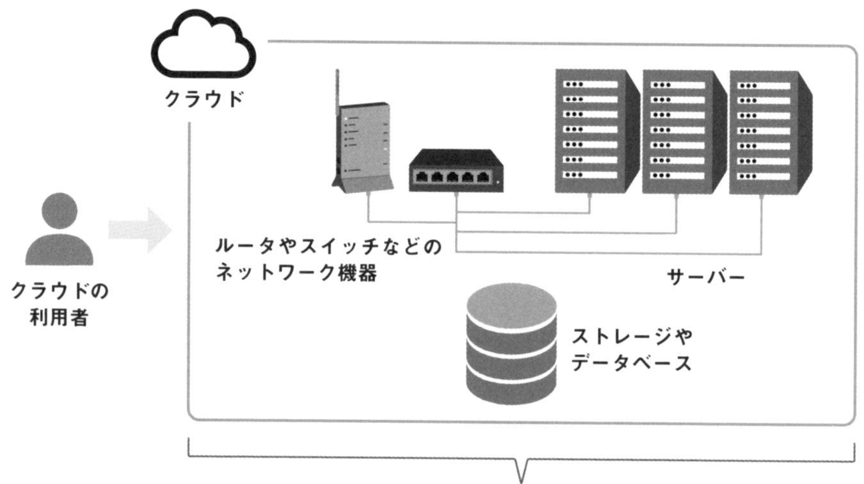

クラウド内のすべてのハードウェアはクラウドプロバイダーが管理しているので、利用者は開発そのものに専念可能

高いセキュリティを保持している

AWSでは、「クラウドのセキュリティが最優先事項」と定義されており、AWSで提供されているセキュリティサービスによって、アクセス管理や暗号化、データやネットワークの保護といった、さまざまなセキュリティ対策機能が利用できます。またAWS自体も各国の外部監査や第三者認定を受けており、AWSのインフラ自体も高いセキュリティで運用されています。

最先端の技術を利用できる

AWSでは、仮想サーバーを作成できるサービスやストレージサービスなどをはじめとし、機械学習やIoT、コンテナ技術を利用できるサービスなど、さまざまなサービスが提供されています。

サービスのアップデートも日々行われており、2021年には3,084回ものアップデートやリリースが実施されました。そして、新しいサービスも続々とリリースされています。そのためAWSを使うと、サーバーなどのインフラにとどまらず、最先端の機能や技術をすぐに使い始めることが可能です。

▶ AWSのサービス 図表01-6

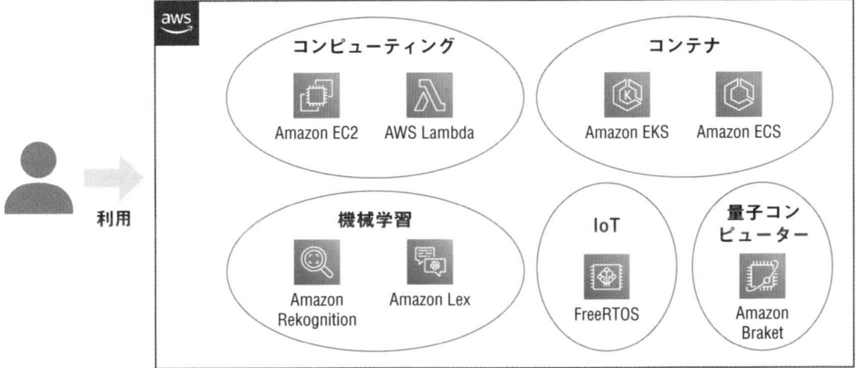

AWSではインフラだけではなく、機械学習やコンテナ技術といったさまざまなサービスが提供されている

ワンポイント クラウドとDX

かつては自社でサーバーやデータセンターなどの資産を持つことにより、企業の競争優位性を高めることができました。しかしオンプレミスの設備は簡単に破棄できないので、同じ設備を使い続ける状況が発生しやすい、つまりシステムがレガシー化しやすく、かえって足かせになることがあります。

そこで注目を集めているのがデジタルトランスフォーメーション（DX）です。DXは、業務フローの改善や新しいビジネスモデルの創出だけではなく、レガシーシステムからの脱却や組織文化の変革を実現することを指します。

クラウドは、このDXを実現する手段の1つと言えます。クラウドとAWSの特徴である、初期投資が不要、スケールアップ／ダウンが容易、ハードウェアの運用保守が不要という点が、DXにおいて不可欠な、開発スピードの向上や環境の変化に応じたシステムの改善という点を実現するのに即しているからです。

このようにクラウドは、DXを実現する際に使う技術としても注目を集めている存在です。

Lesson [リージョンとアベイラビリティゾーン]

02 AWSが保持する世界規模のインフラ

このレッスンのポイント

AWSは世界中にデータセンターを保持しているので、グローバルなアプリケーションの開発がしやすくなっています。この世界規模のインフラは、AWSが選ばれる理由の1つになっています。

世界中に存在するAWSのデータセンター

AWSでは、データセンターが世界中に配置されています。このデータセンターが配置されたエリアのことをリージョンと呼びます（図表02-1）。AWSのサービスそのものや、そのサービスを使って構築したサーバーなどは、世界中にあるいずれかのリージョンに配置されます。世界中にデータセンターがあるおかげで、エンドユーザーと距離が近い場所でシステムを稼働できるので、通信の遅延を抑えることが可能です。これは、海外で事業を展開したい場合にもメリットとなります。また、災害対策（ディザスタリカバリ）を行いたい場合でも、メインで利用しているリージョンとは別のリージョンにバックアップ用のシステムを構築するといったことが、比較的容易に行えます。

▶ AWSのリージョン 図表02-1

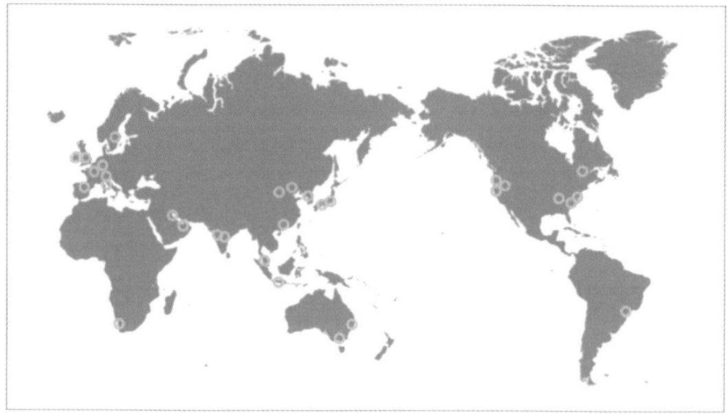

オレンジ色の丸で囲まれているところが現在利用可能なリージョン。日本国内には2つのリージョンがある

AWSの主なリージョン

リージョンは年々増設されており、世界中に31ものリージョンがあります（2023年5月時点）（図表02-2）。日本では、東京リージョンと大阪リージョンという、2つのリージョンが存在します。各リージョンはコードで表記され、東京リージョンは「ap-northeast-1」、大阪リージョンは「ap-northeast-3」です。

▶ AWSの主なリージョン 図表02-2

名前	コード
米国東部（バージニア北部）	us-east-1
米国東部（オハイオ）	us-east-2
米国西部（北カリフォルニア）	us-west-1
米国西部（オレゴン）	us-west-2
アフリカ（ケープタウン）	af-south-1
アジアパシフィック（香港）	ap-east-1
アジアパシフィック（シンガポール）	ap-southeast-1
アジアパシフィック（シドニー）	ap-southeast-2
アジアパシフィック（ジャカルタ）	ap-southeast-3
アジアパシフィック（ムンバイ）	ap-south-1
アジアパシフィック（東京）	ap-northeast-1
アジアパシフィック（ソウル）	ap-northeast-2
アジアパシフィック（大阪）	ap-northeast-3
カナダ（中部）	ca-central-1
欧州（フランクフルト）	eu-central-1
ヨーロッパ（アイルランド）	eu-west-1
ヨーロッパ（ロンドン）	eu-west-2
ヨーロッパ（パリ）	eu-west-3
ヨーロッパ（ミラノ）	eu-south-1
ヨーロッパ（スペイン）	eu-south-2
ヨーロッパ（ストックホルム）	eu-north-1
中東（バーレーン）	me-south-1
中東（アラブ首長国連邦）	me-central-1
南米（サンパウロ）	sa-east-1

米国やアジア、ヨーロッパなど、世界中にリージョンは設置されている

これだけたくさんのリージョンが利用できるのも、AWS を使うメリットの１つといえます。

NEXT PAGE ➜

リージョンの選び方

AWSでは世界中にリージョンがありますが、実際にAWSを使ってシステム開発を行う際、どのリージョンを使っても問題がない、というわけではありません。

基本的には、AWSを使って提供したいシステムのエンドユーザーと近い場所のリージョンを使うと、ネットワークの遅延を抑えられます。たとえば、エンドユーザーが主に日本に住む人であれば、東京リージョンと大阪リージョンが第一候補となります（図表02-3）。ただし、東京リージョンと大阪リージョンでは、東京リージョンのほうが提供されているAWSのサービス数が多いので（2023年5月時点）、日本国内向けのシステムを展開するなら、現時点では東京リージョンをメインに使い、大阪リージョンはバックアップ用に利用するのがよいということになります。

また、同じAWSサービスでもリージョンによって利用料金が異なることもあるので、ネットワークの遅延とコストの両方の側面を考慮して、リージョンを選択しましょう。

▶ 日本国内向けのシステムの例 図表02-3

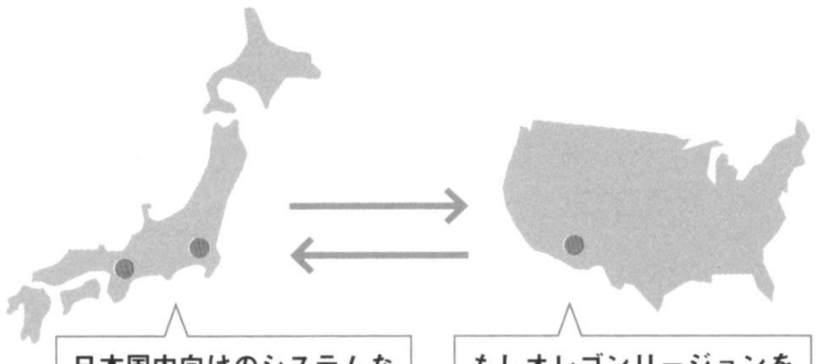

エンドユーザーと近い場所のリージョンを使うほうが低遅延

ワンポイント 選択したリージョンがある国の法律にも要注意

世界中にリージョンがあるおかげで、新しい国でのサービス展開や災害対応などが簡単にできる一方、法律などによりすべての国で同じようにAWSが使えるわけではないので、注意が必要です。たとえば欧州連合 (EU) では「EU一般データ保護規則」(General Data Protection Regulation：GDPR）という、EUを含む欧州経済領域（EEA）域内で取得した「氏名」や「メールアドレス」「クレジットカード番号」などの個人データをEEA域外に移転することを原則禁止している法律があります。そのためヨーロッパのリージョンから別リージョンにデータを転送したい場合は、注意が必要です。

耐障害性を提供するしくみ〜アベイラビリティゾーン

リージョン内には、アベイラビリティゾーン（Availability Zone：AZ）という、物理的に離れたデータセンター群があります。AZはリージョン内に複数存在します（図表02-4）。そしてAZ間は、互いに通信できるように低遅延の回線で接続されています。

また、AZ間は、障害や災害などの影響を受けにくい設計となっています。そのため複数のAZにサーバーを構築すると、いずれかのAZに障害が発生しても、別のAZで稼働しているサーバーで処理を行えるので、システムを継続して提供できます。このしくみのおかげで、高い耐障害性が確保できます。

ただし、複数のAZを利用するとその分稼働させるリソースが増えるため、コストがかかります。そのためシステムの重要性や復旧までに必要な時間も考慮して、システムの冗長性とどこまでコストをかけるべきかのバランスを見極める必要があります。

▶ リージョンとAZの関係 図表02-4

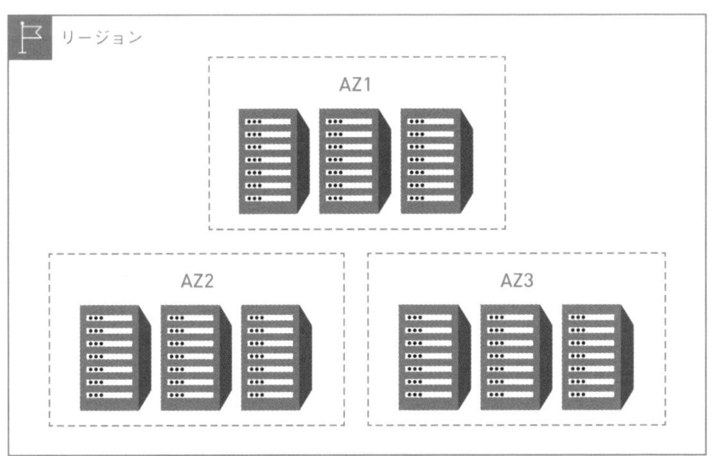

リージョン内には複数のAZが存在している

リージョンはコードで表記されますが、リージョンのコードの末尾に「a」から始まるアルファベットを付加したものが、各AZの識別名です。たとえば東京リージョン「ap-northeast-1」のAZは、「ap-northeast-1a」「ap-northeast-1b」「ap-northeast-1c」「ap-northeast-1d」の計4つです（P.056参照）。

Lesson 03 ［AWSのサービス］

AWSで提供されている豊富なサービス

このレッスンのポイント

AWSではサーバーやネットワーク、機械学習、IoTといった、さまざまなサービスが提供されています。AWSのサービスを組み合わせて使うことで、いろいろなシステムを構築できます。

AWSでは200以上もサービスが提供されている

AWSのサービスでは、コンピューティングやストレージをはじめとし、機械学習やIoTといったさまざまなサービスが、200以上提供されています（図表03-1）。たとえば、コンピューティングサービスのAmazon EC2とデータベースサービスのAmazon RDSを利用してWebサイトを構築し、DNSサービスであるAmazon Route 53でドメイン登録すると、構築したWebサイトをインターネット上に簡単に公開できます。

また、監視サービスのAmazon CloudWatchのログ出力先をストレージサービスのAmazon S3に指定することにより、大容量のログを保管するといったことも可能です。とはいっても、200以上のサービスをすべて使わないといけないわけではなく、必要なサービスのみを利用します。

▶ AWSのさまざまなサービス 図表03-1

豊富なサービス提供はAWSの大きな魅力の1つ

AWSの代表的なサービス

AWSの代表的なサービスは 図表03-2 のとおりです。これらのサービスは第2章で順番に解説するので、ひとまずは概要を確認しておきましょう。

▶ AWSの代表的なサービス 図表03-2

サービス名	概要
Amazon VPC	AWS上で仮想ネットワークを作成するサービス。さまざまなリソースを配置するための土台となる
Amazon EC2	数クリックの設定で仮想サーバーを起動できるサービス
Amazon RDS	セットアップ済みのデータベースを使用できるサービス
Elastic Load Balancing	システムの可用性を高める負荷分散（ロードバランサー）のサービス
Amazon S3	安価で容量が実質無制限のオブジェクトストレージサービス（なお1ファイルあたりの容量には制限あり）
Amazon EC2 Auto Scaling	Amazon EC2のインスタンス（仮想サーバー）の数を負荷に応じて増減する
AWS IAM	AWSリソースに対して認証認可を設定できるサービス
Amazon CloudFront	HTMLや画像などのWebコンテンツを高速で配信できるサービス
Amazon Route 53	可用性、拡張性を有するDNSサービス。ドメインの取得もできる

AWS はサービス数が多いので、まずは上記のサービスを押さえることが、AWS の活用への近道です。

ワンポイント 「リソース」とは？

図表03-2 にも出てきていますが、AWSでは上記のようなサービスではなく、サービスの中で利用者が操作できる実体を明示的に指す「リソース」という用語があります。たとえば、Amazon EC2というサービスで実際に作成したサーバー（インスタンス）や、Amazon S3というストレージサービスにおけるファイルの保存場所（バケット）などをまとめて、リソースと呼称します。よく使われる言葉なので、覚えておきましょう。

NEXT PAGE →

その他の代表的なサービス

図表03-2 以外にもAWSでは実に幅広いサービスが提供されているので、そのサービスの一部を分野別に紹介します。ただし、ここに掲載しているサービスすべてを理解する必要がある、というわけではありません。さまざまなサービスが提供されていることを理解し、AWSの全体像の把握に役立ててください。

コンピューティングサービス 図表03-3

仮想サーバーなど、プログラムを実行可能な計算資源を提供するサービス。

サービス名	概要
Amazon Lightsail	簡単にWebアプリケーションやWebサイトなどを利用できるVPS（仮想プライベートサーバー）を提供
AWS Batch	バッチ処理を行うためのマネージドサービス
AWS Elastic Beanstalk	Javaや.Netといった開発言語のアプリケーション基盤やミドルウェアがあらかじめインストールされた環境を簡単に作成できるPaaS型サービス

ストレージサービスとデータベースサービス 図表03-4

データの保存や管理を担うサービス。

サービス名	概要
Amazon Elastic File System (EFS)	マネージド型のNFSファイルシステムを提供し、複数のLinuxのAmazon EC2インスタンスでデータ共有を行えるサービス
AWS Storage Gateway	オンプレミス環境のデータをAmazon S3で管理するサービス。オンプレミスのサーバーは残しながらストレージデータのみをクラウドで管理できる
AWS Backup	AWSサービスのバックアップを自動化するサービス
Amazon Neptune	マネージド型のグラフデータベースサービス。グラフデータベースは、データ同士がネットワーク状で保存されるデータベースのこと
Amazon Timestream	高速かつスケーラブルなサーバーレス時系列データベースサービス。時系列データとは、気温や株価といった、時間の経過にあわせて記録される一連のデータのこと
Amazon ElastiCache	マネージド型のインメモリデータストア。データをメモリの中に保存するため、ハードディスクからデータを取り出すよりも高速にデータを取り出せる
Amazon Redshift	マネージド型のデータウェアハウスサービス。リレーショナルデータベースのような継続的な書き込みや更新が発生する処理には向いていないが、ペタバイト規模まで拡張したデータを分析する際に利用できる

▶ コンテナサービス 図表03-5

AWS上で利用できるコンテナ（アプリケーションやランタイムなど、アプリケーションの動作に必要なものをパッケージ化したもの）サービス。

サービス名	概要
Amazon Elastic Container Registry	フルマネージド型のDockerコンテナレジストリサービス
Amazon Elastic Container Service	Dockerコンテナの実行・停止・管理ができるサービス
Amazon Elastic Kubernetes Service	AWS上でフルマネージド型のKubernetesを利用できるサービス
AWS Fargate	コンテナを実行する環境をサーバーレスで提供するサービス

▶ アプリケーション開発サービス 図表03-6

モバイルアプリおよびWebアプリケーションの開発を行う際に利用するサービス。

サービス名	概要
AWS Amplify	モバイルアプリやWebアプリを開発、構築、テスト、実行するためのフレームワークおよびツールとアプリケーションを提供するサービス
AWS AppSync	モバイルアプリおよびWebアプリ用の、GraphQLを使用したオンラインとオフラインのリアルタイムデータ同期
Amazon EventBridge	イベント駆動型アプリケーションを構築するためのサーバーレスサービス

▶ 機械学習サービス 図表03-7

機械学習（機械がデータの特徴を学習して規則やパターンを見つけ出す技術）を提供するサービス。

サービス名	概要
Amazon Rekognition	画像・動画の認識サービス
Amazon Lex	音声やテキストを使用して対話型インターフェースを構築するサービス
Amazon Translate	言語の機械翻訳サービス
Amazon Transcribe	音声による言語を認識しテキストに変換するサービス
Amazon Polly	Amazon Transcribeとは逆で、テキストから音声に変換するサービス

▶ IoTサービス 図表03-8

IoT（さまざまなモノをインターネットにつなぐことでモノの制御を行う技術）を提供するサービス。

サービス名	概要
Amazon FreeRTOS	小型で低消費電力のエッジデバイス向けのオペレーティングシステムを提供する
AWS IoT Analytics	IoTデバイスのデータの収集・分析サービス
AWS IoT Device Management	簡単にIoTデバイスを大規模に登録、編成、モニタリング、リモート管理できるサービス

▶ 管理サービス 図表03-9

AWSサービスの状況を監視したりログを記録したりといった、利用状況の管理を担うサービス。

サービス名	概要
Amazon CloudWatch	AWS上のモニタリングに関する機能を提供するサービス。メトリクスを収集する機能を持ち、グラフとして過去データの確認も可能
AWS CloudTrail	AWS上で発生したAPIアクセスをログに記録するサービス。AWSサービスはAPIを介して操作されるため、CloudTrailを利用するとAWSユーザーの操作履歴を記録できる
AWS Config	AWSリソースの設定評価、変更管理を行うサービス。どのAWSリソースを誰が、いつ、変更したかを自動で記録する。また記録だけではなくAWS Config Rulesという機能を使用すると、ルールに違反した変更が行われた場合に管理者へ通知できる
AWS Systems Manager	Amazon EC2やオンプレミスサーバーなどのインフラを可視化、制御するためのサービス。運用管理に関する機能が多数用意されており、パッチ適用などの自動化が可能

▶ セキュリティサービス 図表03-10

証明書の発行やファイアウォールといった、システムのセキュリティを担うサービス。

サービス名	概要
AWS Key Management Service (KMS)	データを暗号化する際の暗号化キーの作成と管理を行うマネージドサービス
AWS Certificate Manager	SSL/TLS証明書の発行、インポートを行うサービス。AWS Certificate Managerで発行された証明書は、Elastic Load Balancing、CloudFront、Amazon API Gatewayなどの一部のサービスのみの利用となり、Amazon EC2では利用できない
AWS WAF	Webアプリケーションを保護するWebアプリケーションファイアウォール
AWS Secrets Manager	APIキーやデータベースの認証情報といったシークレット情報を、定期的にローテーションしたりセキュアに保存したりするサービス
Amazon Cognito	アプリケーションにユーザーログイン機能を提供するサービス

▶ 移行サービス 図表03-11

オンプレミスのシステムをAWSへ移行する際に利用されるサービス。

サービス名	概要
AWS Application Discovery Service	オンプレミス環境のアプリケーションやインフラの情報を収集するサービス。クラウドへの移行準備としてサーバーの設定データなどを取得することが可能
AWS Database Migration Service (AWS DMS)	既存のデータベースを最小限のダウンタイムで移行するサービス
AWS Schema Conversion Tool (AWS SCT)	移行元のデータベースのスキーマなどを自動的に、ターゲットのデータベース互換フォーマットに変換するツール
AWS Server Migration Service (AWS SMS)	オンプレミス環境のVMwareやHyper-Vなどの仮想環境上のサーバーをAWSへ移行するサービス
AWS Snowball	テラバイト規模のデータを保管できる物理デバイス。データをSnowballにコピーして送付すると、Amazon S3にデータが保管される
AWS Snowmobile	ペタバイト規模のデータを保管できるトレーラー車

AWSのサービス数は膨大なため、すべて覚えるのは難しいでしょう。AWSのサービスは単体で使用することは少なく、複数のAWSサービスを組み合わせて利用することがよくあります。そのため、まずは本書に掲載しているサービスを覚えたうえで関連サービスを覚えていくようにすると、AWSの学習が進めやすくなります。

Lesson 04 [システムの構成パターン]

AWSを使ったシステムの構築例

このレッスンのポイント

AWSでは数多くのサービスが提供されているので、それらを組み合わせることで、さまざまなシステムを構築できます。ここでは、AWSのサービスを使ったシステム構築例のうち、代表的なものを紹介しましょう。

○ 構築例① 冗長化したWebシステム

まずは、冗長化したWebシステムの例です。Amazon VPCで作成した仮想ネットワークの中に、Amazon EC2で作成した仮想サーバーを2つのAZにまたがって構築すると、AZを分けた冗長化が可能です（図表04-1）。また、負荷分散を行うサービスである「Elastic Load Balancing」を使うと、エンドユーザーからのアクセスが2台のEC2に自動的に振り分けられるため、EC2が1台の構成よりも多くのアクセスに耐えられるインフラ構成になります。

AWSに慣れれば、この構成のAWSリソースは30分ほどで準備できるようになります。

▶ AWSで構築したWebシステムの例 図表04-1

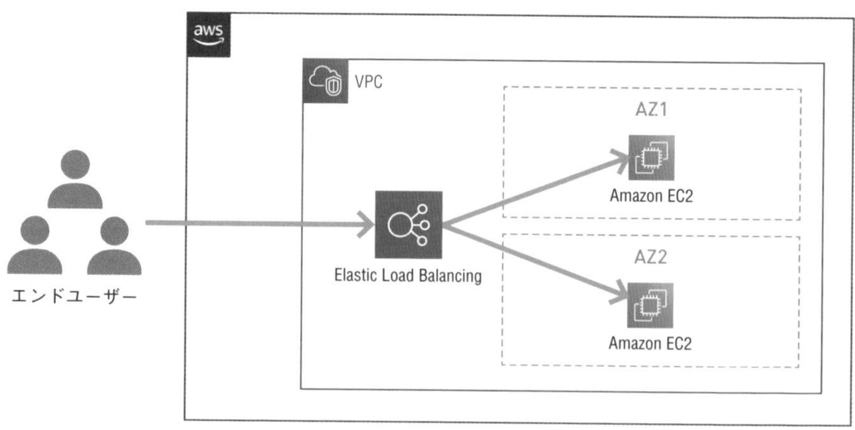

「Amazon VPC」「Amazon EC2」「Elastic Load Balancing」を利用した、とても基本的な構成

構築例② Web3層アーキテクチャ

Webシステムでは、役割ごとに処理を3つの層に分ける、Web3層アーキテクチャ（P.050参照）という構成がよく使われます。このアーキテクチャも、AWSなら簡単に構築できます（図表04-2）。

図表04-1と同様に、AZを2つ使用して冗長化を行い、Elastic Load Balancingによるアクセスの自動振り分けを行います。それに加えて、「プレゼンテーション層」「アプリケーション層」「データ層」という3つの層にすることで、機能ごとにサーバーを分けられます。これにより、障害が発生しても、原因の切り分けや復旧が素早く行えるようになります。

また、データ層を、AWSのマネージドサービスである「Amazon RDS」にすると、パッチの適用やバックアップなどの作業をAWSに任せられるので、運用負荷を軽減できます。マネージドサービスとは、パッチの適用やバックアップといった一定以上の責任をAWSが担うサービスのことです。

▶ AWSで構築したWeb3層アーキテクチャの例 図表04-2

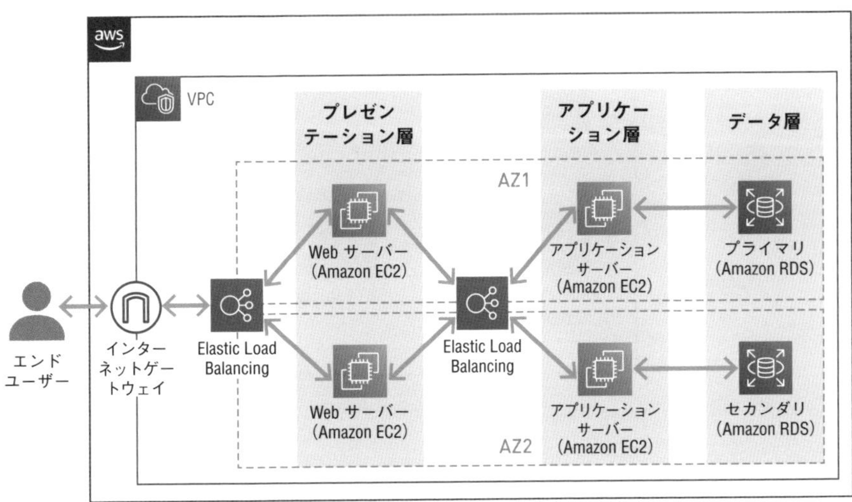

3層それぞれにAWSのサービスを配置し、かつ冗長化も行った構成

Web サーバーに加えてアプリケーションサーバーを用意することで、エンドユーザーのリクエストにあわせたコンテンツを返せる構成になっています。

○ 構築例③ サーバーレスシングルページアプリケーション

通常のWebページでは、画面遷移を行う際、都度Webサーバーからページ全体の情報を取得しますが、Single Page Application（SPA）と呼ばれる構成では、必要な情報のみをサーバーから取得し、画面の表示変更はクライアント側のJavaScriptが行います。SPAは、サーバーから読み込む情報が少なくなるため高速な動作が期待できるほか、ページ全体のリロードが発生しないため、より柔軟なWeb表現が可能というメリットがあります。

図表04-3は、シングルページアプリケーションの中でも、Amazon API Gateway、AWS Lambda、Amazon DynamoDBといった、AWSのサーバーレスサービス（開発者がサーバーを意識することなく利用できるサービス）を利用した構成です。このようなサーバーレスでの構成をサーバーレスシングルページアプリケーションと呼ぶこともあります。

▶ AWSで構築したサーバーレスシングルページアプリケーションの例 図表04-3

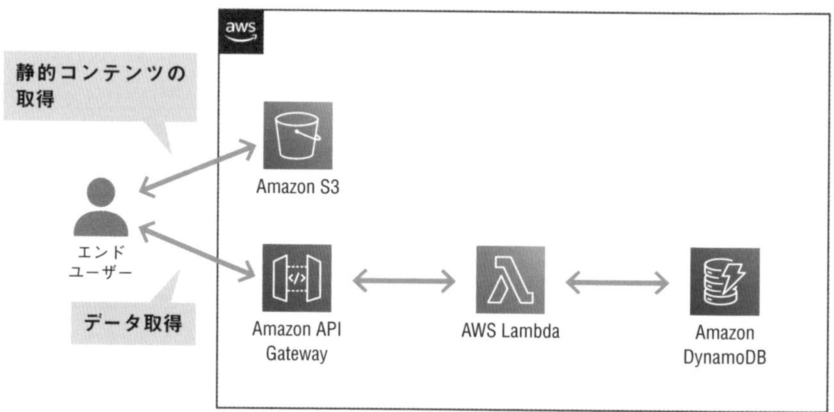

「Amazon API Gateway」「AWS Lambda」「Amazon DynamoDB」を利用したサーバーレスな構成

SPAの代表的な採用例として、Web版のTwitterがあります。SPAは身近なWebサービスでもよく使われている構成です。

オンプレミスからAWSへの移行も可能

AWSにはオンプレミスの構成要素に対応するサービスが数多くあります（図表04-4）。そのためオンプレミスの構成をそれらのサービスへ置き換えていけば、もともとの構成変更を最小限にとどめつつ移行することが可能です。

たとえば、ネットワークならAmazon VPC、サーバーならAmazon EC2が対応するサービスです。ストレージは、Amazon EBS、Amazon S3、Amazon Elastic File Systemといったサービスがあります。これらはブロックストレージ、オブジェクトストレージ、ファイルストレージといった、ストレージの種類や用途が異なるサービスです。

そのほかには、負荷分散ならElastic Load Balancing、データベースは、リレーショナルデータベースならAmazon RDS、リレーショナルデータベース以外のデータベース（NoSQLデータベース）ならAmazon DynamoDBなどが移行先のサービスとして考えられます。

▶ オンプレミスとAWSサービスの対応 図表04-4

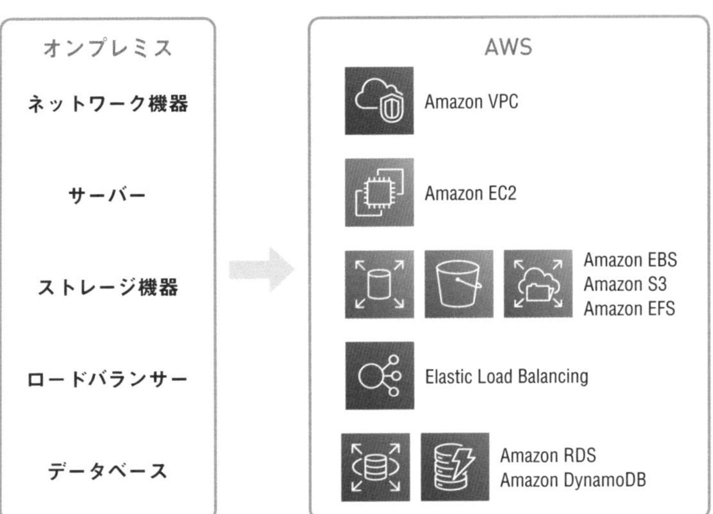

AWSはサービス数が豊富なのでオンプレミスに対応するサービスが用意されている

オンプレミスからAWSへの移行をサポートするサービスとして、AWS Application Discovery ServiceやAWS Database Migration Serviceなどもあります。移行時には、これらのサービスも活用するとよいでしょう。

オンプレミスからのデータ移行① Direct Connect

オンプレミスからAWSへデータを移行するには、オンプレミスの構成をもとにAWSでシステムを構築したあとに、オンプレミスのデータをAWSに移行する、という手順を踏みます。データ移行はインターネット経由でも行えますが、通信の安定性を確保したい場合や、セキュリティ上インターネット経由での通信を避けたい場合は、AWSとオンプレミスの間をAWS Direct Connectを利用して接続することもできます（図表04-5）。

AWS Direct Connectとは、AWSの専用線（特定の企業や顧客専用の回線）接続サービスです。ただし厳密に言うとAWS Direct Connectは、AWSとオンプレミスとを直接接続するのではなく、「Dicrect Connectロケーション」という接続ポイントを経由して接続します。

また安定した接続により、データ移行だけではなくAWSとオンプレミス環境の両方を使用するハイブリット環境にも利用できます。

▶ 専用線を用いたデータ移行 図表04-5

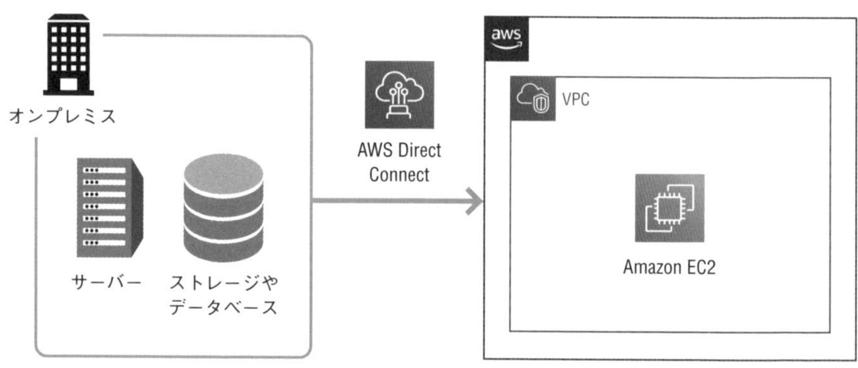

AWS Direct Connectを使えば専用線でデータ移行が行える

AWS Direct Connect は、オンプレミスからのデータ移行だけではなく、AWS を利用している企業のネットワークと AWS 間を専用線で接続したい場合などによく使われるサービスです。

オンプレミスからのデータ移行② Snowball

AWSに移行するオンプレミスのデータが少量であればネットワーク経由でのデータ転送でも問題ありません。しかしテラバイト（TB）を超えるデータ量を転送するとなると多くの時間がかかるうえ、転送量のコストも多くなります。そこで利用されるのが、テラバイト規模のデータを保管できる物理デバイスによる移行サービス、AWS Snow Familyです。AWS Snow Familyには、保存できるデータ量が異なる3種類の物理デバイスが用意されており、その中の1つであるAWS Snowballでは、最大80TBのデータを保存できます。なお、AWS Snow Familyで転送されたオンプレミスのデータは、AWSのストレージサービスである、Amazon S3にアップロードされます（図表04-6）。

▶ AWS Snowballを用いたデータ移行 図表04-6

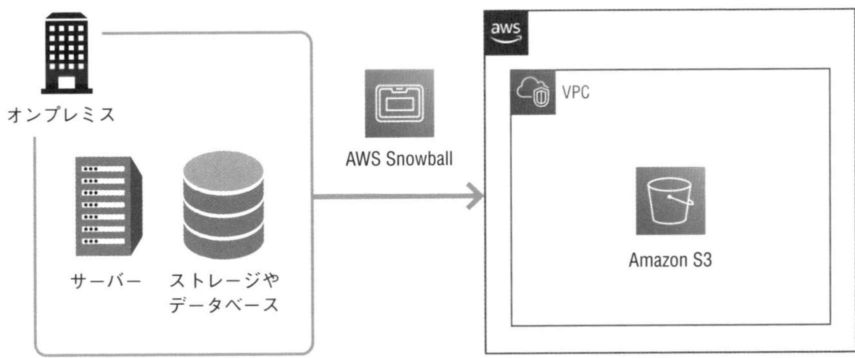

AWS Snowballを使えば大容量のデータ移行が行える

オンプレミスからクラウドへの移行は、システム自体の移行だけではなく、データ移行も必要です。そのためデータ量やスケジュール、AWS Direct Connect や AWS Snowball を活用するのかといったことも考慮して、移行スケジュールを検討することになります。

Lesson [料金]

05 AWSの料金体系

このレッスンのポイント

AWSではさまざまなサービスが提供されていますが、実際使う際は料金がどのぐらいになるのか、気になるところでしょう。ここでは、AWSの料金体系について解説します。

AWSは使った分だけ払う従量課金制

AWSの料金は、利用した分だけ支払いが発生する従量課金制です。そのため初期費用がかからず、使いたいときにすぐに使い始めることができます。一方オンプレミスの場合は、まずサーバーやネットワーク機器を購入する必要があるので、初期費用がかかります。

またオンプレミスでは、それらの機器を購入しているので、仮に夜間にサーバーを停止しても電気代が抑えられるくらいでしょう。一方クラウドは「使った分を支払う」形態のため、利用していないときにサーバーを停止することでコストを抑えられます。またAWSなら、アクセス数や処理能力にあわせて、CPUやメモリの上限を選択したり、稼働するインスタンス数を変更したりも可能です。これらによって、コストの最適化が図れます。

▶ オンプレミスとクラウドにおけるコスト 図表05-1

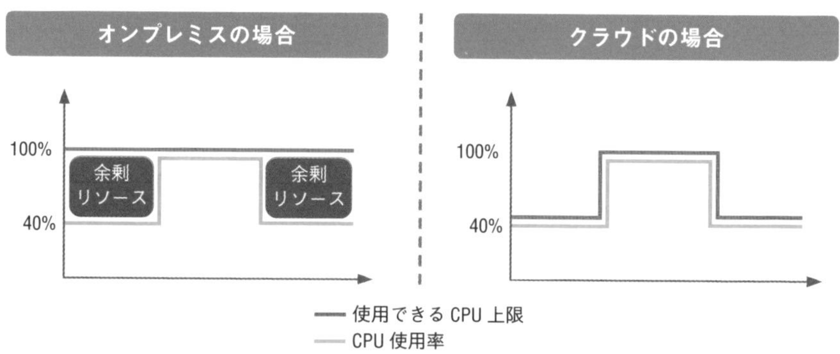

オンプレミスは一定のリソースなのに対して、クラウドはCPU利用率などにあわせたリソースの最適化が行える

料金の割引オプションを有効活用しよう

AWSの料金は従量課金制ですが、Amazon EC2やAmazon RDSなどの一部のサービスではAWSをお得に使える「購入オプション」があるので、紹介しておきましょう（図表05-2）。基本的には、対象のAWSサービスを長期で利用（1年または3年）することが決まっているなら、「リザーブドインスタンス」「Savings Plans」といったプランを利用したほうが、「オンデマンドインスタンス」より料金を抑えることができます。

また、バッチジョブの実行といったように、サーバーを単発的に利用したい場合などは、「スポットインスタンス」の利用を検討するとよいでしょう。

▶ AWSの購入オプション 図表05-2

購入オプション	概要	ユースケース	対応サービス
オンデマンドインスタンス	初期費用不要で、従量課金制。利用期間の制限はない。AWSの通常の料金体系のこと	利用期間が決まっていない場合	EC2
リザーブドインスタンス	長期（1年または3年）で利用するスペックのコミットで、利用料金が割引される	最低1年の利用が決まっている、キャパシティを確保したいといった場合	EC2、RDS、OpenSearch、Redshift、ElastiCache、DynamoDB
スポットインスタンス	初期費用不要で、スポット価格での利用（最大90%割引）。AWSによって強制的に停止されるリスクがある	再実行が可能なバッチ処理を実行する場合	EC2
Savings Plans	長期利用（1年または3年）のコミットで利用料金が割引される。利用するスペックの指定はなく、「リザーブドインスタンス」よりも柔軟な料金モデル	最低1年の利用が決まっている	EC2、AWS Fargate、AWS Lambda

AWSには割引オプションがあり、ユースケースに応じて選択できる

リザーブドインスタンスやSavings Plansを利用すると、AWSをお得に利用できます。一方で、長期利用を決めてしまうことでクラウドの特徴である「簡単に変更できる」メリットを受けられなくなるという面もあります。そのため割引オプションは、よく計画したうえで利用しましょう。

継続的な値下げの実施

AWSは2006年以降世界中にサービスを展開していますが、サービス提供以降、継続的な値下げを実施しています。これは、ほぼ制限のないITリソースを提供するため、大量のサーバーやネットワーク機器、データセンターを調達することで調達コストを抑えられ、利用者にサービスを安く提供できる「規模の経済」を活用できているためです。「規模の経済」とは、ある一定の生産設備の下で、生産量や生産規模を高めることで単位量あたりのコストが低減されることを指します。

実際にAWSでは、2022年12月までに129回の値下げが実施されています。

継続的な値下げは実施されていますが、AWS の料金は、US ドルでの請求となるため、円高のときと円安のときでは請求金額に大きな差が出る場合があります。そのため、AWS を利用する際は、為替レートにも注意を払う必要があります。

利用料金を管理できるサービス〜AWS Budgets

料金の割引オプションがあり、かつ継続的な値下げもあるとお伝えしました。しかし日々AWSを使っているとAmazon EC2の稼働台数の増加やストレージ容量の増加などによって、気づいたときにはAWSの利用料金が想定より高くなっていることはよくあります。そこで、利用料金や予算の管理を行えるAWSサービスであるAWS Budgetsを使い、毎月の利用料金を管理するのがよいでしょう。

AWS Budgetsでは、図表05-3のように料金の推移がグラフとして可視化されるため、AWSの利用料金の把握がしやすくなります。

またAWS Budgetsでは、日次、月次、四半期、年などの期間とAWS利用料の予算としきい値を設定することで、しきい値を超えた際にメールで通知を行えます（図表05-4）。これにより、予想外の料金になることを防ぐことが可能です。

▶ AWS Budgets 図表05-3

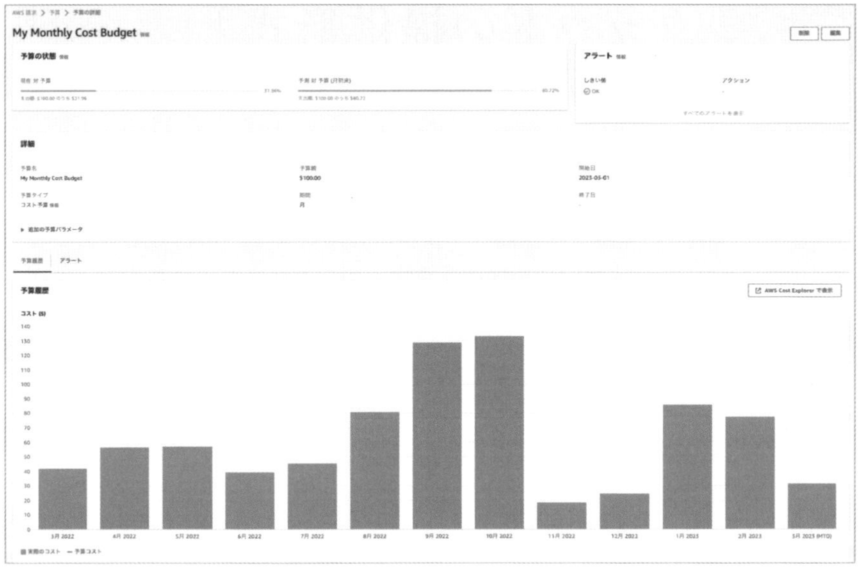

AWSの利用状況を可視化することができる

▶ AWS Budgetsを用いた料金管理 図表05-4

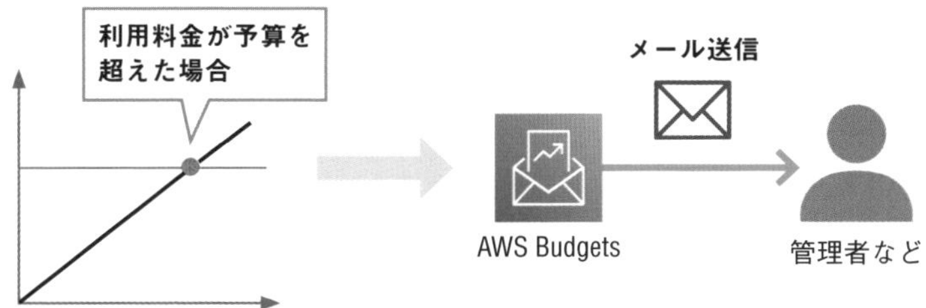

Amazon SNS（詳細は第3章参照）とAWS Budgetsを連携することにより、利用料金が予算を超えたらメール通知するよう設定できるので、予想外の料金になることを防げる

AWS Budgets は簡単に設定できるので、AWS を使う際には設定しておきましょう。

Lesson ［IaaS、PaaS、SaaS、責任共有モデル］

06 クラウドの提供形式と責任範囲

このレッスンのポイント

クラウドのサービスは、クラウドから提供される範囲によって、大きく3種類に分かれます。AWSのどのサービスを使うか検討する際に知っておきたい点なので、解説していきましょう。

クラウドの提供形式には種類がある

クラウドのサービスは一般的に、提供する機能や形式によって、IaaS、PaaS、SaaSの主に3つに分類できます。クラウドを利用するにあたってこの分類を理解することは重要なので、解説しておきましょう。

まずは、IaaS（Infrastructure as a Service）です。IaaSは「イアース」もしくは「アイアース」と呼びます。サーバーやネットワークなどのインフラ部分をクラウドプロバイダーが提供し、インフラより上位の層に位置するOSやミドルウェア、アプリケーションを利用者が用意する形態です。物理的なハードウェアや設備の管理は利用者が関与せず、OSから上位の層は利用者が選んだものを利用できるため、後述するPaaSやSaaSと比べると一番自由度が高いサービス形態です。一方、自由な分、自分で管理する範囲が広いという特徴があります。AWSでは、仮想サーバーを作成する「Amazon EC2」や仮想ネットワークを作成する「Amazon VPC」といったサービスが、IaaSにあたります。

IaaSは、OSからミドルウェア、稼働するアプリケーションまですべての設定が必要ですが、その分利用者が自由に設定・カスタマイズできるのが特徴です。

ミドルウェアまで提供されるPaaS

PaaS（Platform as a Service）は「パース」と呼び、IaaSで提供されるサーバーやネットワークといったインフラに加えて、OSやミドルウェアもクラウドプロバイダーが提供する形式のことです。そのため利用者は、PaaS上で稼働するアプリケーションを管理します。AWSでは、マネージドサービスと呼ばれるものが該当し、データベースサービスである「Amazon RDS」や「Amazon DynamoDB」、サーバーレスサービスである「AWS Lambda」がPaaSにあたります。PaaSではOSの管理も必要ないため、OSのセキュリティパッチの適用などもAWSが実施してくれます。

アプリケーションも提供されるSaaS

SaaS（Software as a Service）は、「サース」もしくは「サーズ」と呼ばれ、IaaSやPaaSで提供される範囲に加えて、アプリケーションまでも提供される形式のことです。AWSはSaaSではないのでAWS以外のサービスを例に挙げると、Googleのメールサービスである「Gmail」がSaaSにあたります。本来、メールを利用するには自社でメールサーバーを構築・運用することが必要ですが、Gmailならメールの送受信というアプリケーションまでもが用意されているので、簡単に使い始めることができます。

Gmail以外にも、オンライン会議ツールである「Zoom」やMicrosoftのアプリケーションである「Microsoft 365」といったものも、SaaSに該当します。

▶ クラウドのサービス提供形式 図表06-1

IaaS	PaaS	SaaS
アプリケーション	アプリケーション	アプリケーション
OS やミドルウェア	OS やミドルウェア	OS やミドルウェア
インフラ（サーバーやネットワーク）	インフラ（サーバーやネットワーク）	インフラ（サーバーやネットワーク）

（網掛け）：利用者が用意　（点線枠）：クラウドプロバイダーが提供

クラウドのサービスは、クラウドプロバイダーが提供する範囲の違いによってIaaS、PaaS、SaaSに分類できる

NEXT PAGE →

利用者とAWSがそれぞれ持つ責任〜責任共有モデル

クラウドプロバイダーと利用者で、持つべき責任を分ける考え方のことを責任共有モデルといいます。クラウドといっても、利用者から見えないだけでその裏では、サーバーやネットワーク機器などのハードウェアが稼働しています。IaaSの場合は、AWSのデータセンター内にあるハードウェアやインフラはAWSの責任範囲であり、ハードウェア上で稼働しているOSや保管しているデータは利用者の責任範囲です。たとえば、IaaSのサービスであるAmazon EC2で、OSのセキュリティパッチを適用せずに稼働させ続けたとしましょう。その状態で悪意のある第三者からの不正アクセスがあり、情報漏えいしてしまった場合、それはAWSではなく利用者の責任です。

つまり責任共有モデルでは、利用者が設定できる箇所は利用者の責任範囲であることが定められているのです。反対に、利用者が触れることができない部分（データセンターのセキュリティやハードウェアのメンテナンスなど）はAWSの責任範囲です。

AWSの公式サイトでも 図表06-2 のように定められているので、しっかり覚えておきましょう。

▶ AWSの責任共有モデル 図表06-2

責任			
利用者 クラウド内のセキュリティに対する責任	利用者のデータ		
	プラットフォーム、アプリケーション、IDとアクセス管理		
	OS、ネットワーク、ファイアウォール構成		
	クライアント側のデータ整合性認証	サーバー側の暗号化（ファイルシステムやデータ）	ネットワークトラフィック保護（暗号化、整合性、アイデンティティ）
AWS クラウドのセキュリティに対する責任	ソフトウェア		
	コンピューティング / ストレージ / データベース / ネットワーキング		
	ハードウェア／AWS グローバルインフラ		
	リージョン	AZ	エッジロケーション

利用者側とAWS側で責任範囲は分かれている
（参考：https://aws.amazon.com/jp/compliance/shared-responsibility-model/）

クラウドだからといって何でもクラウドプロバイダーが責任を持つわけではなく、利用者が持つべき責任もあることを理解する必要があります。

Lesson 07 [AWSアカウントとIAMユーザー]

AWSを使う流れ

このレッスンのポイント

ここまでAWSの概要や全体像について解説してきました。本レッスンでは、実際にAWSを使い始めるにはどんな手順が必要なのかについて、紹介していきましょう。AWSはWebブラウザさえあればすぐに使用できます。

AWSを使い始める3つのステップ

AWSはWebサービスとして提供されており、AWSアカウントを作成すればすぐに利用可能です。AWSアカウントを作成したあとは、「MFAの設定」「IAMユーザーの作成」という設定をしておいたほうがよいため、順を追って説明していきます。

▶ AWSを使い始める際の流れ 図表07-1

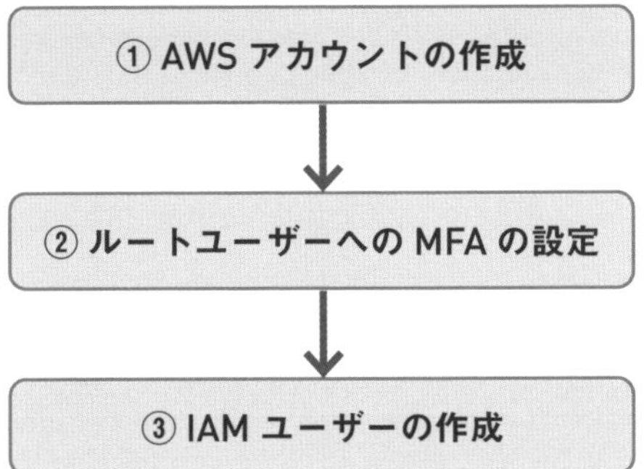

AWSの利用開始には大きく3つの手順が必要

AWS を使い始めるのに必要なのは、たったの 3 ステップです。気軽に始められるのも AWS の魅力の 1 つです。

①AWSアカウントの作成

AWSを使い始めるにはまず、AWSアカウントを作成します。AWSアカウントを作成するには、Webブラウザで「AWSアカウント作成ページ」へアクセスし、メールアドレスや名前、住所、クレジットカードといった情報を登録する必要があります。アカウントの作成が完了すると、設定したメールアドレスとパスワードを利用して、AWSにログインできます。なお、アカウントの作成自体に料金はかかりません。実際にAWSのリソースを使ってはじめて料金が発生します。

▶ AWSアカウント作成ページ 図表07-2

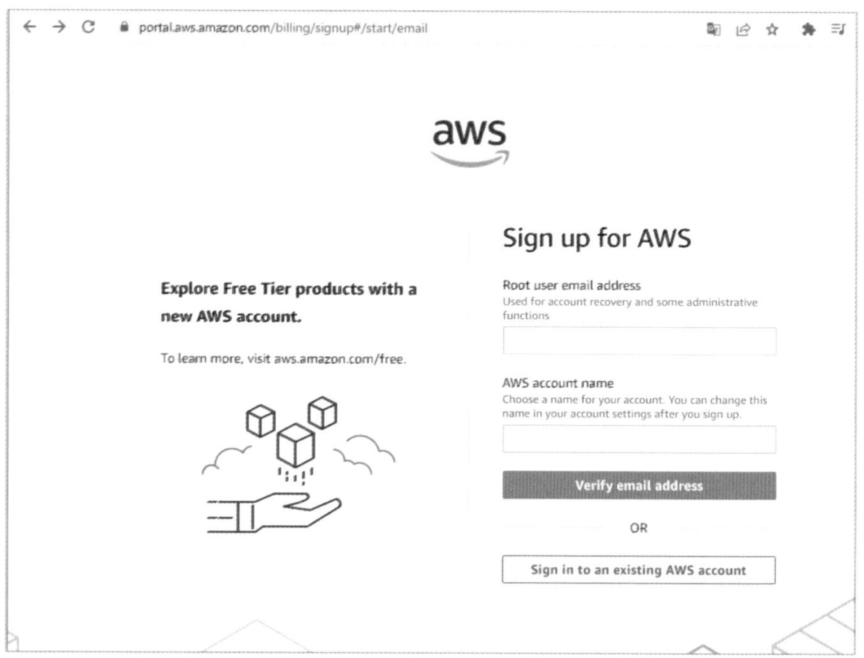

https://portal.aws.amazon.com/billing/signup#/start/email

AWS アカウントは、インターネットショッピングを行う際の Amazon アカウントとは別ものです。AWS を利用するにはあくまで、AWS アカウントが必要です。

②ルートユーザーへのMFAの設定

AWSアカウントを作成すると、作成時に設定したメールアドレスとパスワードを使用してログイン可能なデフォルトのユーザー（ルートユーザー）が作成されます。AWSアカウントのルートユーザーは、AWSアカウントに対するすべての権利を持っているので、アカウント情報の変更や削除を含め、あらゆる操作を行えます。そのためルートユーザーの認証情報が漏えいすると、「大量のリソースを立ち上げられてしまい多額の請求が発生」「アカウントを削除されてしまい稼働中のリソースがすべて停止」など、非常に大きな問題に発展してしまう可能性があり、注意が必要です。

これらを防ぐには、ルートユーザーに多要素認証（MFA：Multi-Factor Authentication）を設定します。MFAは、メールアドレスとパスワード以外に、MFAデバイスで生成されたワンタイムパスワードなどユーザーだけが知りうる情報を使って認証を行うようにする機能です。MFAデバイスには、図表07-4の3つのデバイスから選択できます。

▶ 多要素認証の設定 図表07-3

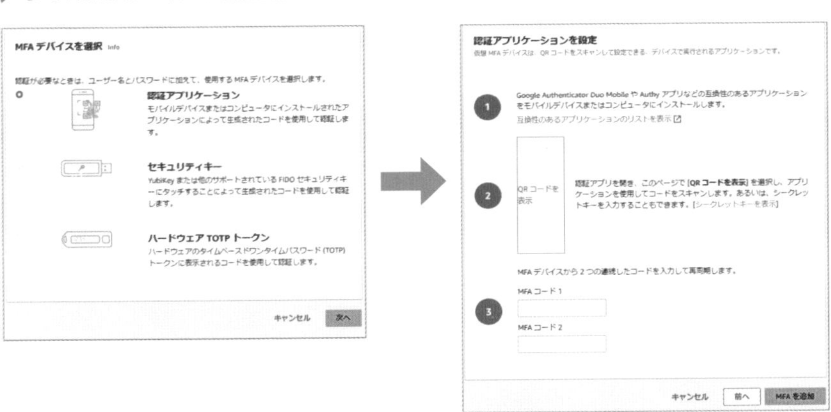

多要素認証を設定するには、利用するデバイスを選択する必要がある

▶ 選択できるMFAデバイス 図表07-4

MFAデバイス	概要
認証アプリケーション	モバイルデバイスまたはコンピュータにインストールされたアプリケーションによって生成されたコードを使用して認証
セキュリティキー	YubiKeyまたはほかのサポートされているFIDOセキュリティキーにタッチすることによって生成されたコードを使用して認証
ハードウェアTOTPトークン	ハードウェアのタイムベースドワンタイムパスワード（TOTP）トークンに表示されるコードを使用して認証

③IAMユーザーの作成

ルートユーザーに対してMFAを設定してあっても、基本的にはルートユーザーは開発や運用といったAWSの一般的な操作に利用しないことがベストプラクティスです。ルートユーザーはすべての権利を持っているため、アカウント情報や請求情報の更新時など以外は使用しないようにすることで認証情報が漏れてしまうリスクを低下させましょう。

開発や運用といったAWSの一般的な操作に使用するのが、IAMユーザーです。IAMは「アイアム」と読みます。簡単にいうと、IAMユーザーはAWSのリソースへアクセスするために、AWSの利用者が自由に作成できる「ユーザー」です。たとえば、開発チーム用のIAMユーザー、運用チーム用のIAMユーザーといったように、リソースに対する権限が異なるIAMユーザーを作成できます。

これは、「AWS Identity and Access Management（IAM）」という権限管理サービスの機能の1つで、ユーザーごとに利用できるサービスや機能を細かく制御できます。また、アカウント情報の更新・削除などクリティカルな変更が行えないようデフォルトで制限がかけられているのも特徴です。

そのためAWSアカウントを作成したら、IAMユーザーも作成しておくとよいでしょう。IAMユーザーは、AWSのGUIツールであるマネジメントコンソール（P.044参照）の「IAM」の画面から追加できます（図表07-6）。作成したIAMユーザーでログインしたい場合は、Webブラウザから AWSへアクセスする際に、「IAMユーザー」を選択してログインしましょう。

▶ AWSアカウントとIAMユーザー 図表07-5

AWS アカウント（ルートユーザー）

- デフォルトのユーザー
- アカウントの作成時に設定したメールアドレスとパスワードを使用してログイン
- アカウントに対するすべての操作権限を持つ

IAM ユーザー

- AWS へアクセスするために利用者が自由に作成できるユーザー
- 利用できるサービス、機能を細かく制御できる
- アカウント情報の更新、削除などクリティカルな操作は制限されている

AWSアカウントを作成したらAWSは使えるが、そのあとにIAMユーザーも作成するのが一般的

▶ IAMユーザーの作成画面 図表07-6

ユーザーの詳細

ユーザー名	コンソールパスワードのタイプ	パスワードのリセットが必要
■■■■-user	None	いいえ

許可の概要

〈 1 〉

名前	タイプ	次として使用:
AmazonEC2ReadOnlyAccess	AWS 管理	許可ポリシー

タグ - オプション

タグは AWS リソースに追加できるキーと値のペアで、リソースの特定、整理、検索に役立ちます。このユーザーに関連付けるタグを選択します。

リソースに関連付けられたタグはありません。

新しいタグを追加する

最大 50 個のタグを追加できます。

キャンセル　前へ　ユーザーの作成

IAMユーザーの作成時は、ユーザー名や権限を選択する。詳細はP.110参照

▶ AWSのログイン画面 図表07-7

IAMユーザーでログインする場合は「IAMユーザー」を選択する

AWS アカウントと IAM ユーザーの違いは、OS の管理者ユーザーと一般ユーザーのような違いと考えるとわかりやすいでしょう。

Lesson 08 [マネジメントコンソールとAWS CLI]

AWSを操作する方法

このレッスンのポイント

AWSのサービスを操作する代表的なものとして、マネジメントコンソールと呼ばれるGUIを使う方法と、AWS CLIを使う方法の2つがあります。この2つの方法は用途に応じて、使い分ける必要があります。

AWSの操作方法① マネジメントコンソール

AWSで提供されている、AWSの操作を行えるGUIツールのことを、マネジメントコンソールといいます（図表08-1）。本章でもIAMユーザーの作成やMFAの設定について解説しましたが、これらの設定をしたり、AWSのサービスやリソースにアクセスしたりするには、このマネジメントコンソールを利用します。

たとえば、Amazon EC2を使って仮想サーバーを作成したりAmazon VPCを使って仮想ネットワークを作成したりといったリソースの作成はもちろんのこと、リソースの監視やバックアップといった保守作業、アカウントや料金の管理など、AWSに関するあらゆる操作・管理が行えます。またGUIなので、初学者でも簡単に使い始めることができます。

▶ マネジメントコンソール 図表08-1

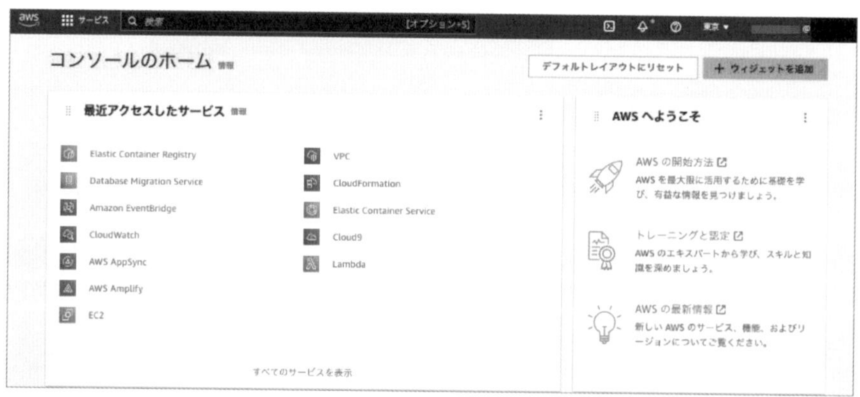

AWSリソースのさまざまな操作を行えるGUIが「マネジメントコンソール」

AWSの操作方法② AWS CLI

AWSでは、コマンドラインでAWSの操作を行えるツールとして、AWSコマンドラインインターフェース（AWS CLI）が提供されています。コマンドラインからAWSリソースの作成や起動、削除といった操作を行えます。たとえば、AWS CLIのコマンドである 図表08-2 はEC2インスタンスの起動、 図表08-3 はEC2インスタンスの停止を行います。

またCLIなので、スクリプトを使用してAWSの操作を自動化するといったことも可能です。

▶ EC2の起動 図表08-2

```
$ aws ec2 start-instances --instance-ids i-[インスタンスID]
```

▶ EC2の停止 図表08-3

```
$ aws ec2 stop-instances --instance-ids i-[インスタンスID]
```

数回の操作やたまにしか行わない操作ならマネジメントコンソール、何度も実行する操作ならAWS CLIを利用する、といった使い分けをするとよいでしょう。

ワンポイント AWS CLIを利用するには

AWS CLIは、使用するOS（WindowsやLinux、macOS）にあわせてインストールする必要があります。本書では詳細は割愛しますが、AWS CLIを利用する際は、 図表08-4 のWebページからインストール方法を確認してください。

▶ AWS CLIインストール方法 図表08-4

AWS Command Line Interface
バージョン 2 用ユーザーガイド

▶ AWS CLI について
▼ ご利用開始にあたって
前提条件
インストール/更新
過去のリリース
ソースからのビルドとインストール

AWS CLI の最新バージョンをインストールまたは更新します。

PDF | RSS

このトピックでは、サポートされているオペレーティングシステムに AWS Command Line Interface (AWS CLI) の最新リリースをインストールまたは更新する方法について説明します。AWS CLI の最新リリースについては、GitHub の「AWS CLI version 2 Changelog」を参照してください。

https://docs.aws.amazon.com/ja_jp/cli/latest/userguide/getting-started-install.html

COLUMN

たった1年でサービス料金が半額に

筆者が前職でVPS（仮想専用サーバー）を利用していたとき、AWSから、VPSと同様に定額でサーバーを提供するAmazon Lightsail（図表08-5）がリリースされました。このAmazon Lightsailがリリースされた当時は、どの会社もVPSは定額で提供しており、AWSもついに定額のサーバーを販売するのかと業界全体の注目が集まりました。しかしAmazon Lightsailは、他社の同スペックのVPSと比べて2倍弱の価格で提供されたので「やはりAWSは従量課金のサービスで、定額制に本気で取り組むわけではないんだな」と思い、乗り換える気にはならなかった記憶があります。ところがAmazon Lightsailは、リリースの翌年に最大50%の値下げが発表されました。業界水準よりも2倍弱の価格設定であったAmazon Lightsailは、あっという間に業界水準よりも低い価格になったのです。

本章では、AWSでは継続的な値下げが実施されているとお伝えしました。また新しいサービスがどんどんリリースされるため、リリース当初は実際の現場で利用することは難しいと思うサービスもアップデートを繰り返していく間に実運用でも十分利用できるようになっていくので、機能面、コスト面も含めてAWSのアップデートをウォッチするようにしましょう。

▶ Amazon Lightsail 図表08-5

https://aws.amazon.com/jp/lightsail/

Chapter

2

最初に押さえたいAWSの基礎的なサービス

AWSには200を超えるサービスがあります。本章では、その中でもよく使われる、AWSの基礎的なサービスについて紹介していきます。

Lesson [主要サービスのシステム構成例]

09 まず押さえておくべきAWSのサービス

このレッスンのポイント

本章ではAWSの基本的なサービスについて解説していきます。最初のレッスンでは、本章で紹介するサービスと、それらのサービスを使ったサンプルシステムの構成例を紹介しましょう。

AWSの主要なサービス

本章では 図表09-1 にある、AWSの基礎的なサービスについて解説していきます。これらは、シンプルなWebシステムはもちろん、オンプレミスからクラウドに移行する場合など、さまざまなケースで利用される主要なサービス群です。

▶ AWSの基礎的なサービス 図表09-1

ネットワーキングとコンテンツ配信

Amazon VPC

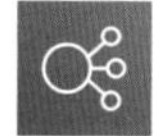

Elastic Load Balancing

Amazon CloudFront

Amazon Route 53

コンピューティング

Amazon EC2

Auto Scaling

データベース

Amazon RDS

ストレージ

Amazon S3

セキュリティ・ID・コンプライアンス

AWS Identity and Access Management (IAM)

本章ではまず押さえておきたい9つのAWSサービスを解説する

基礎サービスを使ったサンプル構成

図表09-2 は、基礎サービスを使用したWebシステムのサンプル構成です。本章の前半では、この図にあるサービスを順番に解説していきます。なお、図中には存在しませんが、基礎として押さえておきたい重要なサービス（IAM、CloudFront、Route 53）については、本章の後半で紹介します。

なお、図表09-2 はP.027でも簡単に述べた、Web3層アーキテクチャと呼ばれる構成になっています。プレゼンテーション層とアプリケーション層には、サーバーサービスであるAmazon EC2、データ層には、データベースサービスであるAmazon RDSを使用しています。Elastic Load Balancing（ELB）とAmazon EC2 Auto Scaling（以降、Auto Scaling）は、システムを安定稼働させるために使用されるサービスです。ELBは背後の複数のリソースに対してアクセスを割り振る機能を持ちます。Auto Scalingはグループ化したリソースを希望する台数で起動したり、CPU負荷に応じて台数を増減したりする機能を持っています。

そしてプレゼンテーション層に使用しているAmazon S3は、画像や動画といった容量の大きいデータの配信場所としての役割を担っています。

▶ AWSの主要サービスを使ったサンプル構成 図表09-2

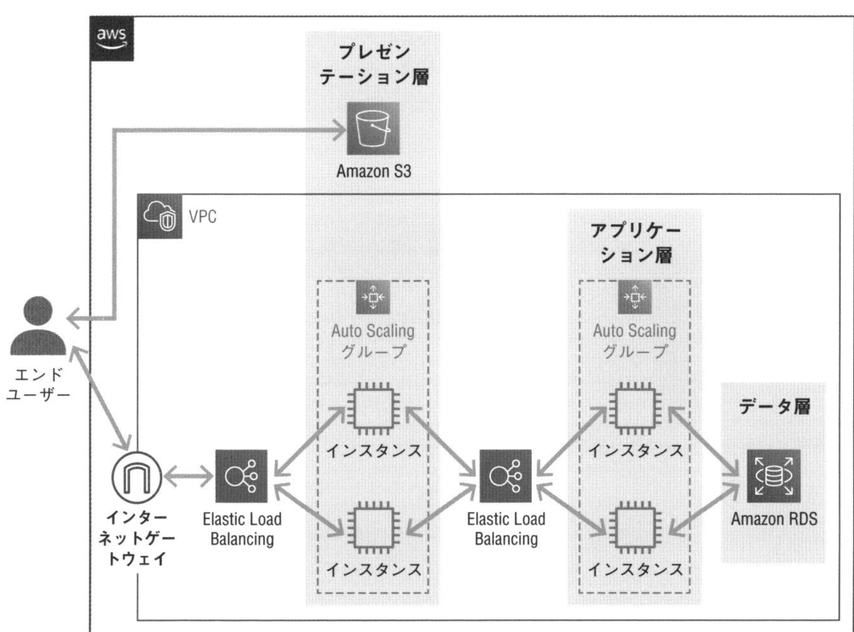

3つの層それぞれをAWSのサービスを使って構築したWebシステムの例

NEXT PAGE ➔

Web3層アーキテクチャ

Web3層アーキテクチャについてもうすこし解説しておきましょう。Web3層アーキテクチャは、Webシステムの代表的な構成です（図表09-3）。このアーキテクチャは、プレゼンテーション層、アプリケーション層、データ層という、役割が異なる3つの層で構成されています（図表09-4）。

この3つの層を1つのサーバーですべてまかなうことも可能ですが、役割が異なる層ごとにサーバーを分けることで、負荷を分散できます。また、データベース製品を別のものに変更したい、ある層だけサーバーを増強したいといった場合に、改修範囲を限定できることもメリットです。

▶ Web3層アーキテクチャ 図表09-3

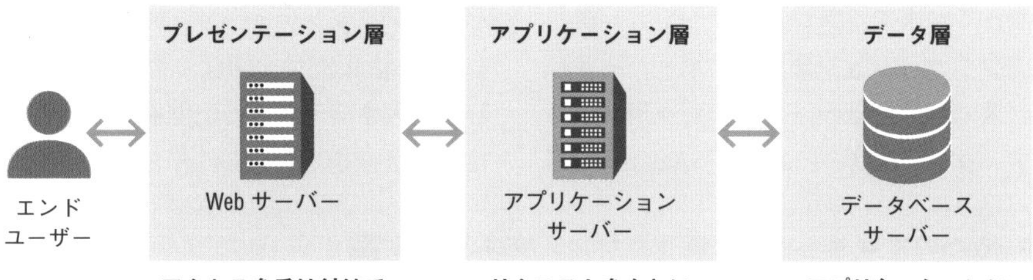

役割が異なる3つの層で構築するのがWeb3層アーキテクチャ

▶ 各層の役割 図表09-4

階層	役割
プレゼンテーション層	クライアントからのリクエストを受け取り、HTML、CSS、JavaScriptなどのWebコンテンツを返す
アプリケーション層	アカウント情報といった、クライアントごとに特有の情報を返す場合など、クライアントへ返すコンテンツに何かしらの処理を行う
データ層	Webシステムに必要なデータを格納し、効率的に取り出せるようにする

Web3層アーキテクチャでは、層ごとに上記の役割を持つ

Lesson 10 [Amazon VPC①]

仮想ネットワークを作成できる「Amazon VPC」

このレッスンのポイント

Amazon VPC（以降、VPC）は、AWS上に仮想ネットワークを作成するサービスです。AWSリソースを配置する際の基盤となるサービスなので、AWSを利用した開発ができるようになるためにも、VPCの特徴について学習していきましょう。

AWS上でのネットワークの作成

企業や学校など、ある程度大きな組織でネットワークを使う場合、ネットワークの制御・管理は重要です。たとえば、部署Aのサーバーはインターネットからのアクセスを許可したいが、部署Bのサーバーは許可したくないといったケースが考えられます（図表10-1）。その場合、適切なネットワークの構成とトラフィックの制御が必要です。AWSでは、AWS上に仮想的なネットワーク（仮想ネットワーク）を作成するAmazon Virtual Private Cloud（以降、VPC）というサービスが提供されています。VPCにはAmazon EC2などのAWSリソースを配置できるので、AWSを使った開発で欠かせないサービスです。VPCを使うと、たとえば部署A、Bにそれぞれネットワークを割り当てて通信を制御するといったことも容易です。

▶ ネットワークの構成例 図表10-1

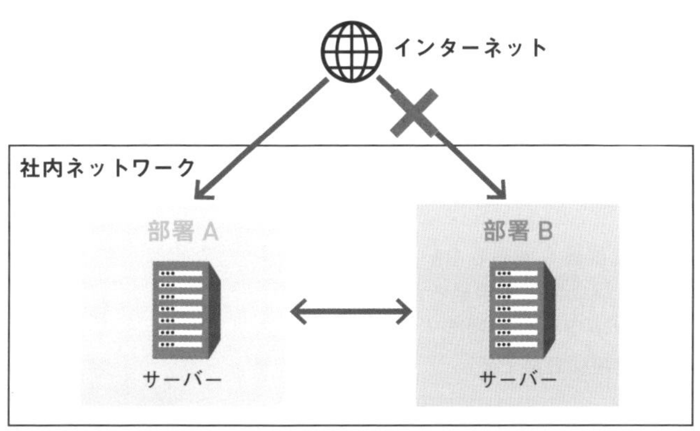

部署ごとにネットワークのアクセスを制御したいといったケースはよくある

仮想ネットワークとは

仮想ネットワークとは何かを解説しておきましょう。仮想ネットワークとは、一言で表すと物理的ではないネットワークのことです。ここにおける「物理」とは機器のことで、ネットワーク周りで使用される、ルーター、スイッチ、ハブなどが該当します。オンプレミスでシステムを構築する場合は、ネットワーク機器の調達や設置を自分たちで行う必要があります。

一方で仮想ネットワークの場合は、ネットワーク機器と同様の機能を持つ複数のソフトウェアによって制御を行うので、利用者が機器を所有しないことが大きな特徴です（図表10-2）。基本設定や機器のメンテナンスなどの管理をネットワーク機器の提供側に任せることができ、運用コストを削減できるといったメリットがあります。

またソフトウェアによって制御を行うので、ネットワークの構成変更が容易である、物理的な配線によるわずらわしさから解放される、といったメリットもあります。

▶ ネットワークの仮想化 図表10-2

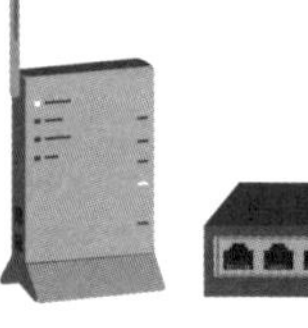

ルータやスイッチ、
ハブなど

ルーターの機能を持つソフトウェア

スイッチやハブの機能を持つソフトウェア

仮想ネットワークなら物理機器の上層にあるソフトウェアで制御を行うので、物理機器の構成にとらわれない柔軟なネットワーク構成が可能

利用者がネットワーク機器を所有しないことにより、運用コストの削減や、構成変更の容易さが実現されます。ただし、仮想ネットワークを構築する場合でも、十分なセキュリティ対策は必要です。

サンプル構成におけるVPCの役割

VPC内には、Amazon EC2などのAWSリソースを配置できます。 サンプル構成（図表10-3）においても、AWSの各種リソースをVPCに配置することで、EC2やAmazon RDSといったリソースにアクセスできるように、かつAWSリソース間でも通信が行えるようにしています。またVPCなら、パブリックにアクセス可能か否かなどの要件に応じたネットワークの構成や、トラフィックの制御や監視なども行えるので、その点についても本書では解説していきます。

▶ サンプル構成におけるVPC 図表10-3

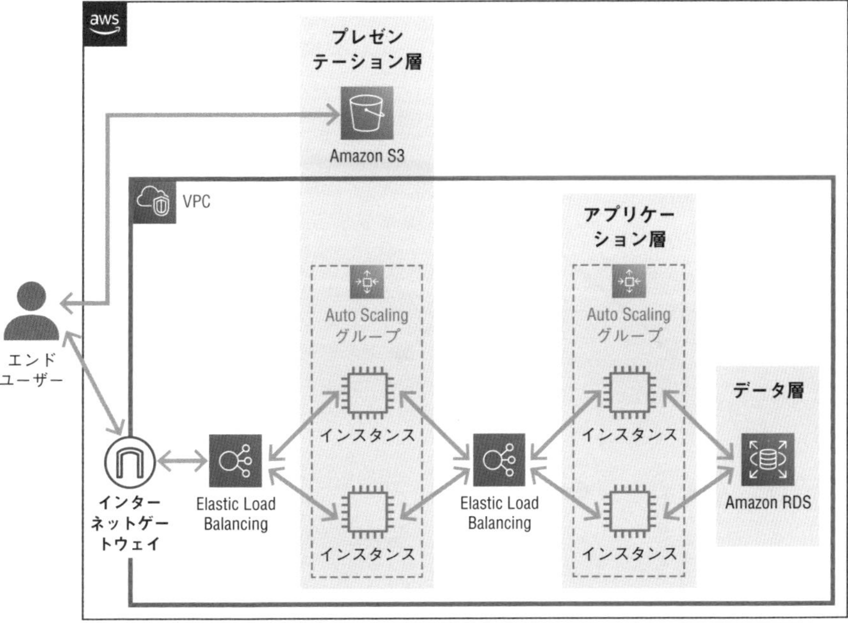

VPCは、AWSのリソースを配置できる仮想ネットワーク

EC2のインスタンスやELBなどのAWSのリソースを配置する際に必要となるVPCですが、AWS Lambda（P.130参照）などの一部のサーバーレス系のサービスも、VPC内に配置することが可能です。これは、サーバーレスサービスをプライベートなネットワークで管理して、セキュリティを向上させたい場合などに活用できます。

○ VPCネットワークは用途に応じて分割できる

VPCネットワークは、サブネットと呼ばれる単位で分割できます。基本的に、サブネットは用途ごとに作成します。たとえば、インターネットから通信可能なサブネット（パブリックサブネット）と、インターネットから通信不可能なサブネット（プライベートサブネット）のように作成します（図表10-4）。

サンプル構成に示したような、Webサーバーの前段に配置されるロードバランサーなど、エンドユーザーから直接アクセスされるリソースは、パブリックサブネットに配置します。ロードバランサーの背後にあるWebサーバーやデータベースサーバーは、エンドユーザーから直接アクセスできる必要がない、つまりVPC内のほかのリソースからアクセスできればよいので、プライベートサブネットに配置します。

このようにサブネットは、配置するリソースの特徴に応じて作成します。

▶ VPCのサブネット分割例 図表10-4

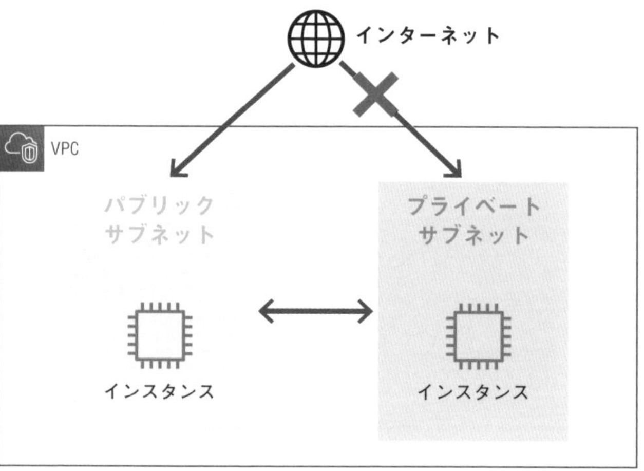

インターネットからアクセスできるようにしたいものと、アクセス不可にしたいもののように、サブネットは用途に応じて分割する

サブネットを作成しすぎると管理が煩雑になるため、必要最低限のサブネットを作成することが重要です。また、次ページで説明する「CIDR ブロック」を適切に設定することで、IP アドレスの枯渇やネットワークの複雑化を防ぐことができます。

サブネットの表し方〜CIDR

VPCで使用できるIPアドレスやサブネットを分割する際のIPアドレスの範囲は、CIDR（サイダー）と呼ばれる形式で指定します。CIDRは 図表10-5 のような形式で表現します。スラッシュより左には、0〜255（2の8乗個）の数字が4つ並びます。スラッシュより右の数字は、2進数で考えた際に桁（ブロック）の大きいほう（左）から数えていくつまでを、このIPアドレスではネットワーク部として使用するかを表します。ネットワーク部の桁が少ないほうが、サブネットに割り当てられるIPアドレス数を多くできます。VPCで使用できるネットワーク部は16から28ブロックまでなので、はじめからIPアドレスを広めに確保できる「/16」を指定することが推奨されています。

なお、VPC内の通信はプライベートIPアドレスの使用が推奨されています。プライベートIPアドレス以外を使用すると、インターネット内のグローバルIPアドレスと競合してサーバーと通信できなくなる可能性があるためです。

▶ **CIDRの表記例** 図表10-5

```
10.0.0.0/16
```

▶ **サブネットにおける表記例** 図表10-6

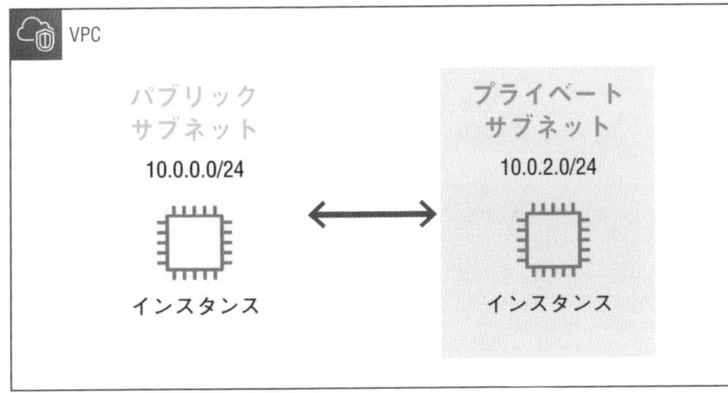

サブネットのIPアドレスの範囲はCIDRで表す

CIDRブロックの設定は、VPC作成後に変更することができないので注意しましょう。変更したい場合はVPCを再作成する必要があります。

サブネットの作成にはAZの指定が必要

サブネットを作成する際は、サブネットが配置されるAZ（アベイラビリティゾーン）を選択します。たとえば、東京リージョン（ap-northeast-1）でVPCを作成した場合は、東京リージョンの3つのAZである、「ap-northeast-1a」「ap-northeast-1c」「ap-northeast-1d」から選択できます。図表10-7は2つのAZに、パブリックサブネットとプライベートサブネットを1つずつ配置した例です。

サブネットを複数のAZに作成すると、たとえば各EC2インスタンスを異なるAZに配置すること（マルチAZ配置）ができ、リソースを地理的に離れた場所で稼働させることができます。これにより、単一のAZに障害が生じた際にも、システムを継続稼働できる構成になります。サンプル構成のようにWebサーバーやアプリケーションサーバーを担うEC2インスタンスを複数台稼働させ、それらを異なるAZに配置すると、耐障害性が向上します。

▶ VPC、AZ、サブネットの関係 図表10-7

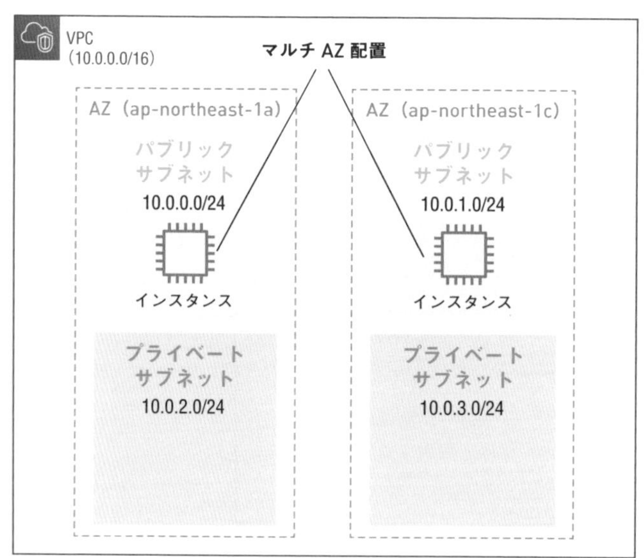

パブリックサブネットとプライベートサブネットを2つのAZのそれぞれに配置した例

「ap-northeast-1b」といったAZも存在し、東京リージョンには実質4つのAZがあります。しかし「ap-northeast-1b」には、一部のアカウントしか使用できないなどの利用制限があります（2023年5月現在）。

VPCをインターネットと通信できるようにする

VPCは閉じたネットワークなので、そのままではインターネットとの通信は行えません。VPCとインターネット間で通信させるには、VPCにインターネットゲートウェイをアタッチします。インターネットゲートウェイは、VPCとインターネット間での通信を可能にするためのAWSの機能です。

サンプル構成（図表10-8）では、Webサーバーの前段に配置されたELBがインターネットゲートウェイと直接やりとりしており、背後に存在するWebサーバーにトラフィックを割り振る構成になっています。

▶ サンプル構成におけるインターネットゲートウェイ 図表10-8

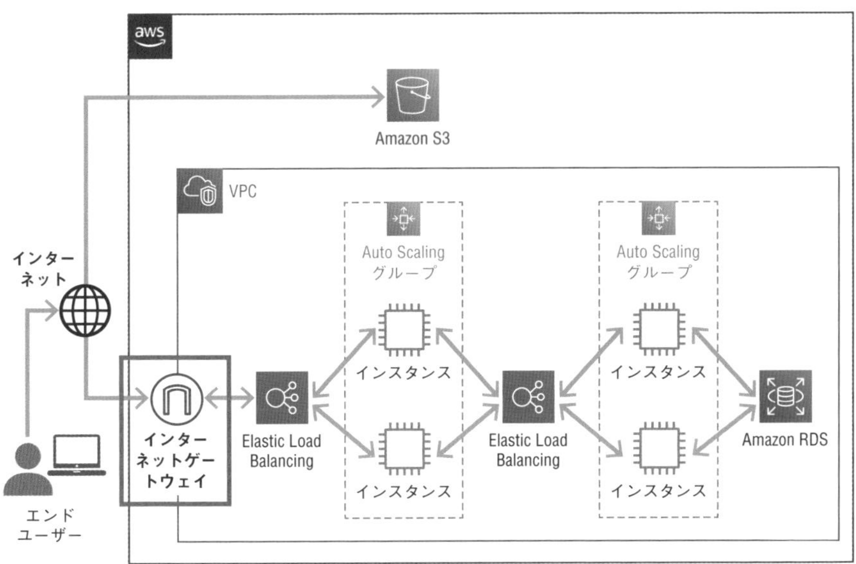

インターネットゲートウェイはVPCとインターネットの接続を担う

ワンポイント 「マルチリージョン配置」という構成もある

前ページでは「マルチAZ配置」を紹介しましたがそれだけではなく、複数のリージョンにまたがってリソースを配置する「マルチリージョン配置」と呼ばれる構成もあります。リージョン単位の障害に対して対策を行いたい場合の手段の1つなので、覚えておきましょう。

Lesson 11 [Amazon VPC②]

「Amazon VPC」におけるルーティングと通信制御

このレッスンのポイント

VPCでは通信経路を細かく設定することが可能です。実際にAWSでシステム構築を行う際に必要な知識なので、VPCにおける通信経路の設定方法について、詳細を解説しておきましょう。

VPCにおけるルーティング

ネットワーク上でデータを相手に届ける経路を決めることを、ルーティングといいます。そしてルーティングを制御するには、ルートテーブルを使います。VPCではデフォルトで、VPC内で作成するすべてのサブネットに共通のルートテーブルがアタッチされます。しかしパブリックサブネットとプライベートサブネットなど、サブネットごとに通信経路を分けたいときは、用途ごとにルートテーブルを作成してサブネットにアタッチする必要があります。

サブネットにインターネットゲートウェイへのルーティングがあれば「パブリックサブネット」、なければ「プライベートサブネット」と呼びます（P.054参照）。そして、図表11-1のパブリックサブネットに設定されている「送信先0.0.0.0/0」はデフォルトゲートウェイと呼びます。ここでは、ほかのルーティングのルールにマッチしない場合は、すべてターゲット「igw-id」へ通信を流す設定になっています。「igw-id」とは、インターネットゲートウェイのidです。つまり、このVPC（10.0.0.0/16）以外へのルーティングはインターネット向けである設定になっています。

ルートテーブルの内容を変更する際には、変更による影響を事前に把握しておきましょう。また、変更後は通信が正しく行われているかのテストを実施することが必要です。

▶ ルートテーブルの設定例 図表11-1

VPC
(10.0.0.0/16)

インターネットゲートウェイ
(id：igw-id)

AZ（ap-northeast-1a）

パブリックサブネット
10.0.0.0/24

ルートテーブル
(public)

送信先	ターゲット
0.0.0.0/0	igw-id
10.0.0.0/16	ローカル

プライベートサブネット
10.0.2.0/24

ルートテーブル
(private)

送信先	ターゲット
10.0.0.0/16	ローカル

AZ（ap-northeast-1c）

パブリックサブネット
10.0.1.0/24

ルートテーブル
(public)

送信先	ターゲット
0.0.0.0/0	igw-id
10.0.0.0/16	ローカル

プライベートサブネット
10.0.3.0/24

ルートテーブル
(private)

送信先	ターゲット
10.0.0.0/16	ローカル

サブネットごとにルートテーブルが設定でき、要件に応じたルーティングが実現できる

悪意のある第三者からの不正アクセスなどを防ぐためにも、通信制御を行うことは重要です。そして通信制御を行うには、ファイアウォールが有効です。VPCではセキュリティグループとネットワークACLというファイアウォールがあるので、次ページから順番に解説していきましょう。

NEXT PAGE →

通信制御を行う方法～セキュリティグループ

セキュリティグループは、EC2などAWSのリソースに適用する仮想ファイアウォールです（図表11-2）。VPCへの通信（インバウンド）とVPCから出ていく通信（アウトバウンド）を制御することができ、許可した通信のみが通過できます。セキュリティグループでは、通信の「拒否」は設定できません。通信は送信元アドレス、プロトコル、ポート番号を指定して制御します。許可の設定のことを、セキュリティグループのルールと呼びます。

セキュリティグループの「ルール」には、サーバーへのリクエストがインバウンドの通信で許可されていた場合、レスポンスはアウトバウンドの通信で設定されていなかったとしても、暗黙的（自動的）に許可されるという性質があります。このような性質をステートフルといいます。

たとえば、AWS上にWebサーバーを作成し、エンドユーザーからのアクセス用にセキュリティグループを設定した場合、インバウンドのルールに「送信元はすべて」で、プロトコルとポート番号に「TCP80番を許可する」設定を追加します。設定を追加すると、セキュリティグループが適用されているAWSリソースに対して通信が許可されます。デフォルトではアウトバウンドはすべてトラフィックが許可のルールが入っていますが、アウトバウンドのルールを削除して、なにも許可をしていない状態にしてもステートフルの処理をするため、インバウンドが許可されていれば通信できます。

▶ ステートフルな挙動 図表11-2

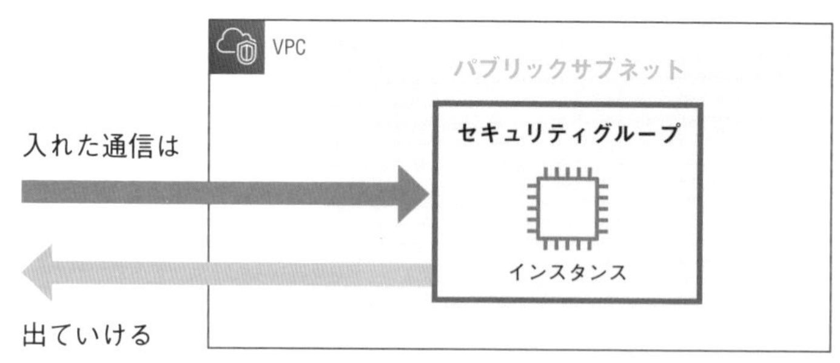

インバウンドルール

タイプ	プロトコル	ポート範囲	ソース
SSH	TCP	22	192.0.2.0/32
HTTP	TCP	80	0.0.0.0/0

アウトバウンドルール

タイプ	プロトコル	ポート範囲	ソース
なし			

セキュリティグループでの設定は「ステートフル」という特徴がある。セキュリティグループのように、通信を「許可する」設定のみ行う形式を、「ホワイトリスト形式」という

通信制御を行う方法〜ネットワークACL

リソース単位で利用するセキュリティグループに対し、ネットワークACLはネットワーク（サブネット）に対する仮想ファイアウォールです。サブネットに対してネットワークACLを設定すると、サブネット内のすべてのAWSリソースに対してまとめて通信を制御できます。なお、サブネットを作成した際は、デフォルトでは、すべての通信が許可された共通のネットワークACLがアタッチされています。

ネットワークACLもセキュリティグループと同様に、インバウンドとアウトバウンドに対して許可・拒否を設定します。ただし「ルール」の性質がセキュリティグループとは異なり、サーバーへのリクエストとレスポンスの通信を明示的に許可・拒否する必要があります（図表11-3）。このように双方向の設定が必要な特性を、ステートレスといいます。

▶ ステートレスな挙動 図表11-3

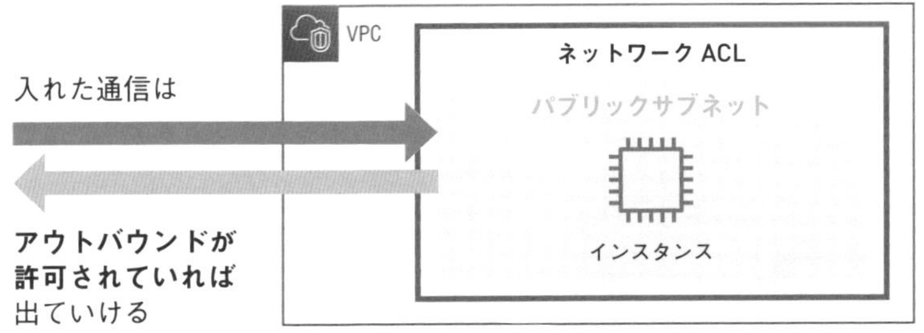

インバウンドルール

ルール番号	プロトコル	ポート範囲	送信元	許可/拒否
100	すべて	すべて	0.0.0.0/0	許可
*	すべて	すべて	0.0.0.0/0	拒否

アウトバウンドルール

ルール番号	プロトコル	ポート範囲	送信元	許可/拒否
100	すべて	すべて	0.0.0.0/0	許可
*	すべて	すべて	0.0.0.0/0	拒否

ルール番号の小さいほうから通信の内容が照合され、マッチするルールがあった場合はその時点で適用される。「*」はワイルドカードで、ほかのどのルールにもマッチしなかった場合に適用されるルール

ワンポイント ファイアウォールを設定する際のコツ

ネットワークACLとセキュリティグループを使うと通信制御が行えますが、この2つのファイアウォールを細かく設定すると、通信要件の変更が生じた際の改修が複雑化する場合があります。そのため、ネットワークACLは最低限のルールを設定し、細かい制御はセキュリティグループで行うといったケースがよくあります。ただし、両者を設定することでセキュリティを強化できることも事実なので、実際は要件に応じて使い分けを行う必要があります。

Lesson 12 [Amazon EC2]

仮想サーバーを作成できる「Amazon EC2」

このレッスンのポイント

システムやアプリケーションを開発する際には、サーバーの調達が欠かせません。AWSなら数クリックで簡単にサーバーを構築できます。そしてそのサーバーはVPCに配置することで外部からアクセスできるようになります。

Amazon EC2とは

Amazon EC2（以降、EC2）は、AWS上で仮想サーバーを構築できるサービスです。EC2なら、マネジメントコンソールから、CPUやメモリなどの仕様（インスタンスタイプ）やストレージ、ネットワーク、セキュリティに関して数クリックで設定するだけで、仮想サーバーを起動できます。起動した仮想サーバーはインスタンスという単位で管理され、EC2インスタンスとも呼ばれます（図表12-1）。インスタンスは、必要なときに作成し、不要になったら終了して削除できます。また必要に応じて、あとからスペックを変更できます。このような特徴のおかげで、オンプレミスでの運用とは異なり、コンピューティングリソースを柔軟に使用可能です。

▶ Amazon EC2とは 図表12-1

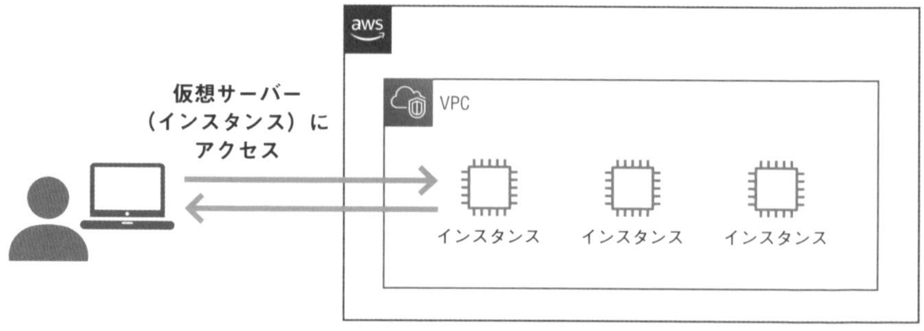

EC2なら仮想サーバーが数クリックで作成できる

サンプル構成におけるEC2の役割

EC2は、IaaS（P.036参照）の1つです。そのため、インスタンス上でどのようなミドルウェアやソフトウェアを動かすかによって、EC2が果たす役割は多岐にわたります。サンプル構成（図表12-2）では、EC2がWebサーバーおよびアプリケーションサーバーの役割を担っています。なお、DBサーバーはAmazon RDSが担っていますが、EC2のインスタンスにMySQLなどのデータベースソフトウェアを導入して、DBサーバーを構築することも可能です。

▶ サンプル構成におけるEC2 図表12-2

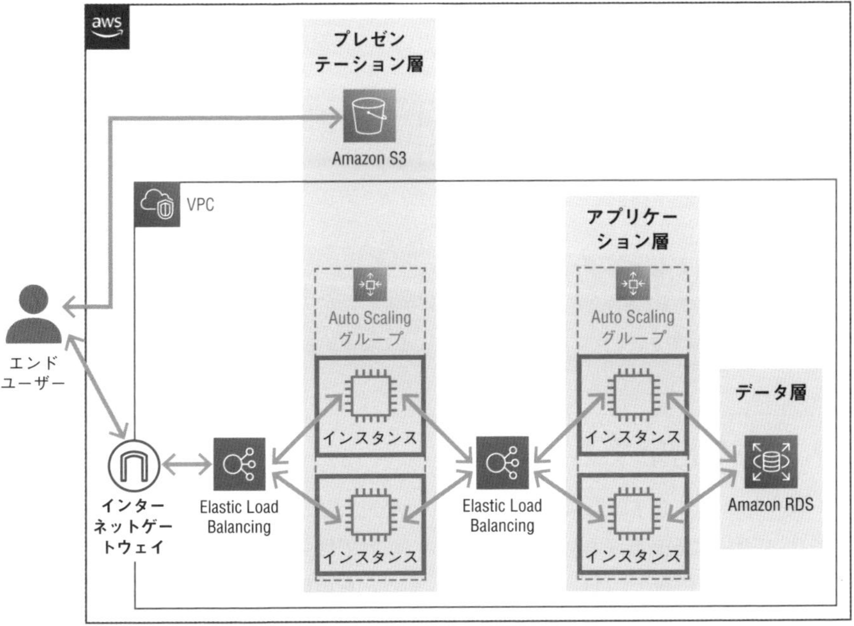

EC2は、Webサーバーやアプリケーションサーバーなど多くの用途で利用できるコンピューティングサービス

次ページからは、EC2を実際に使い始められるように、インスタンスの仕様、ストレージ、ネットワーク、セキュリティの観点で学習していきます。

NEXT PAGE →

EC2を使う流れ

ここからは、EC2でインスタンスを作成する流れについて見ていきましょう。大まかな流れは図表12-3のとおりです。

▶ インスタンスの作成手順 図表12-3

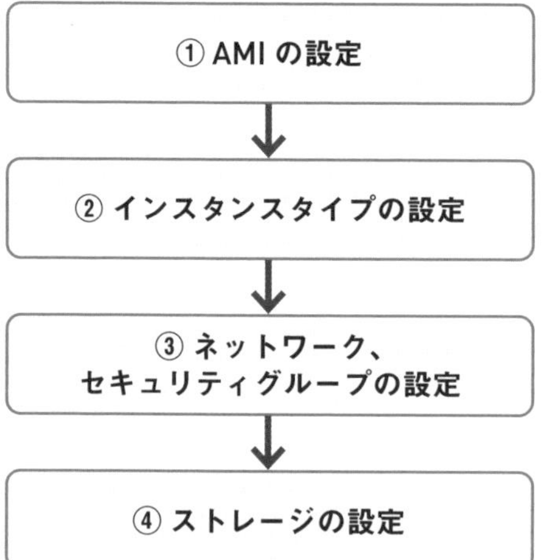

インスタンスを作成するには大きく4つの項目を設定する必要がある

AMIを指定する

インスタンスを作成する際はまず、使用するOSを選択する必要があります。AWSでは、Windows ServerやLinuxなどのさまざまなOSのインスタンスが起動できるよう、インスタンスの設計書のようなものを提供しています。この設計書をAmazon Machine Image（AMI）といいます。AMIにはOSが含まれているので、利用者による仮想サーバー内でのOSのインストールは不要です。

AMIはAWSですでに提供されているものだけではなく、利用者が独自に作成することも可能です。一度AMIを作成してしまえば、同様の設定のサーバーを複数構築することが容易です。AMIのこの特長は、利用者間でAMIさえ共有すれば環境を揃えることができたり、同じ設定のインスタンスを複数台起動して冗長構成にできたりといったメリットをもたらします（図表12-4）。

▶ AMIのメリット 図表12-4

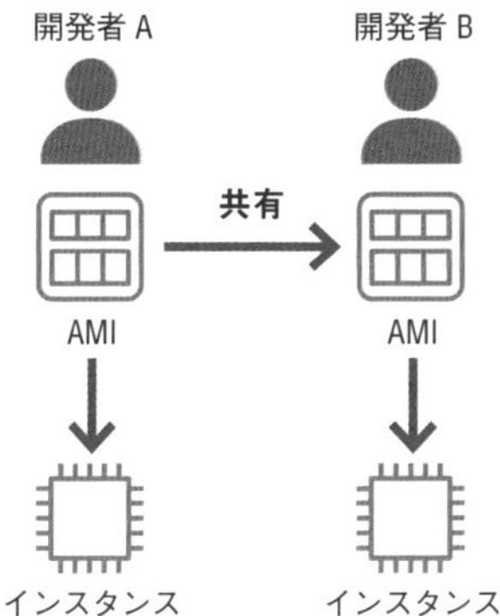

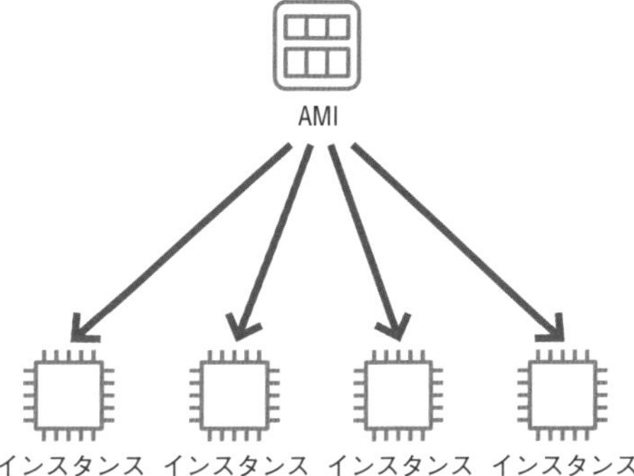

AMIにより同じ設定のインスタンスを起動できる。そのため冗長構成も作りやすいというメリットがある

▶ AWSで提供されている主なOS 図表12-5

OSタイプ	補足
Linux	Amazon Linux 2、CentOS、Ubuntuなど、さまざまなLinux系（ディストリビューション）のOSを選択可能
Windows Server	デスクトップOSであるWindows OSと外見や使用法は似ているが、サーバー用に特化したOS
macOS	Apple社が開発しているOS。Xcodeを使用したアプリケーション開発などに活用できる
Raspberry Pi OS	IoTデバイスや教育用マシンとして人気のRaspberry Piで使用されるOS

AMIでは主に上記のOSを選べる

インスタンスの性能を選ぶ

インスタンスのスペックを表す指標に、インスタンスタイプがあります。インスタンスタイプはCPU、メモリ、ストレージ、ネットワークキャパシティー（1秒あたりの最大通信量）の組み合わせによって名称が異なり、「t2.micro」や「c5.xlarge」のように表記します（図表12-6）。頭文字のtやcはインスタンスファミリーと呼ばれ、サーバーの用途を表します（図表12-7）。たとえば「コンピューティング最適化」ならc、「メモリ最適化」ならrで表します。続く数字はインスタンスの世代を表し、数字が大きいほうが新しい世代となります（図表12-8）。世代が新しいほうが高性能でコストパフォーマンスが高いため、数字が大きいものを利用することが推奨されています。

最後の「micro」や「xlarge」はインスタンスサイズを表し、大きいほうがスペックが高くなります。

▶インスタンスタイプの表記例 図表12-6

インスタンスタイプはインスタンスファミリーと世代、インスタンスサイズの組み合わせで表記する

▶EC2のインスタンスファミリー 図表12-7

カテゴリ	インスタンスファミリー
汎用	t、m、a、mac
コンピューティング最適化	c
ストレージ最適化	i、d、h
メモリ最適化	r、x、z
高速コンピューティング	p、inf、g、f

EC2なら、AMIに加えてCPUやメモリなどの組み合わせも選べるので、目的に応じたサーバーを簡単に作成できる

▶インスタンスの世代(「コンピューティング最適化」の場合) 図表12-8

世代	vCPU	メモリ（GiB）	CPU	ネットワーク帯域幅
c3	32	60	Intel Xeon E5-2680 v2	10Gbps
c4	36	60	Intel Xeon E5-2680 v3	10Gbps
c5	96	192	Intel Xeon Scalable	25Gbps

数字が大きいほうが新しいかつ高性能。世代の後にはオプションを表すアルファベットが付与されることもある

EC2のネットワーク設定

インスタンスへ接続するには、インスタンスへのIPアドレスの割り当てが必要です。割り当て可能なIPアドレスは、プライベートIPアドレス、パブリックIPアドレス、Elastic IPアドレスの3種類です。このうちパブリックIPアドレスとElastic IPアドレスは、インターネット接続時に使う「グローバルIPアドレス」です。パブリックサブネットに存在するインスタンスには、プライベートIPアドレスではなく、このどちらかが割り当てられていないと、インターネットと通信できません。

パブリックIPアドレスとElastic IPアドレスの違いは、アドレスが可変か否かです（図表12-9）。インスタンスは、停止して再起動すると、異なるパブリックIPアドレスが割り当てられます。これは、過去に起動していたのと同じ環境で、インスタンスが起動する保証がないためです。インスタンスのIPアドレスが変わってしまうと、接続元で指定していたIPアドレスの設定を書き換える必要も出てくるので不便です。

一方、Elastic IPアドレスは、インスタンスを停止したり再起動したりしても値が変わらないので、前述の課題を解決できます。なお、起動中のインスタンスでElastic IPアドレスを使っている場合は無料で使えますが、停止中のインスタンスに関連付けられている場合や、使用されていないElastic IPアドレスを保持している場合には、料金がかかります。そのため、不要なElastic IPアドレスは保持しないことがコストの削減につながります。

▶ EC2に割り当てられるIPアドレス 図表12-9

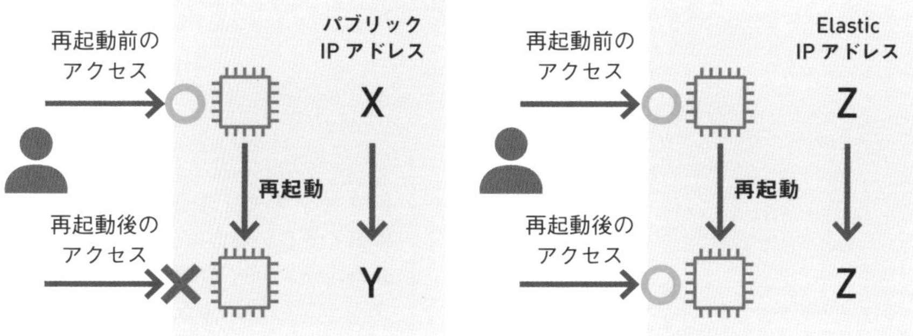

パブリックIPアドレスは「可変」、Elastic IPアドレスは「固定」

EC2のセキュリティグループの設定

P.060で紹介した「セキュリティグループ」は、EC2にアタッチできます。これにより、インスタンスへの通信（インバウンド）とインスタンスから出ていく通信（アウトバウンド）を制御します。サーバーを構築する際は、一般公開したいサーバー、一般公開したくないサーバー、SSHのみを許可した踏み台用のサーバーなど、用途に応じて通信の制御が必要です。その場合は、セキュリティグループを活用しましょう。

なお、図表12-10はインスタンスにSSH接続できるようにする場合の設定例です。

▶ セキュリティグループのアタッチ 図表12-10

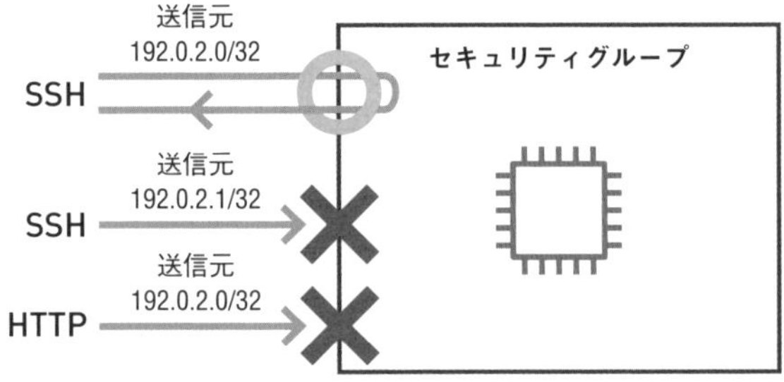

インバウンドルール

タイプ	プロトコル	ポート範囲	ソース
SSH	TCP	22	192.0.2.0/32

セキュリティグループによってインスタンスの通信制御が可能

EC2インスタンスを作成したけど接続できない場合は、P.058で紹介したルートテーブルやセキュリティグループの設定値を確認してみましょう。

EC2と組み合わせて使うストレージ

EC2を作成する際、ボリュームタイプとディスクサイズを指定するとElastic Block Store（EBS）というストレージが作成されます。EBSはネットワーク経由で接続するストレージです（図表12-11）。基本的に1つのEBSは1つのEC2でのみ使用しますが、取り付け（アタッチ）と取り外し（デタッチ）が行えます。そのため、ほかのEC2にアタッチして使うことも可能です。EBSにはボリュームタイプがいくつかあり、速度が必要な場合など、利用ケースによって選べます（図表12-12）。EBSを作成したあとでも、ボリュームタイプの変更やディスクサイズを増やすことは可能です。EC2にアタッチされた状態でも、インスタンスの停止・起動状態に関係なく変更できます。ただし、ディスクサイズを減らすことはできないので、注意が必要です。

なお、図表12-12にある「IOPS」はストレージデバイスの性能指標のことであり、1秒間に何回読み書きができるかを表しています。必要な速度に応じたボリュームタイプを選ぶようにしましょう。

▶ EBSはEC2にアタッチして使う 図表12-11

EC2と組み合わせて使うストレージが「EBS」

▶ ボリュームタイプ 図表12-12

ボリュームタイプ	ストレージの種類	特徴	ボリュームあたりの最大IOPS（16KiB I/O）
汎用（gp2、gp3）	ソリッドステートドライブ（SSD）	汎用的な用途	16,000
プロビジョンド IOPS（io1、io2）	ソリッドステートドライブ（SSD）	高いIOPS	64,000
スループット最適化（st1）	ハードディスクドライブ（HDD）	高スループット	500
コールド（sc1）	ハードディスクドライブ（HDD）	低コスト	250

ストレージには上記のような種類があるので、目的に応じて選択する必要がある

インスタンスへログインするには

インスタンスを操作するためには、インスタンスへ接続（ログイン）する必要があります。Linux系OSのインスタンスの場合、ログインするためには一般的にSSHというプロトコルを使用します。SSH接続にはパスワード認証方式と公開鍵認証方式の2種類の接続方法がありますが、公開鍵認証方式が推奨されています。

公開鍵認証方式とは、公開鍵と秘密鍵という2種類の鍵を使って認証を行う方式です。これらの鍵をあわせてキーペアと呼び、公開鍵はインスタンス内、秘密鍵は利用者のローカルで保管します。利用者はログイン試行時に秘密鍵を指定し、接続先にある公開鍵と正しい組み合わせである場合に、ログインできます（図表12-13）。キーペアはインスタンスの作成時に一緒に作成することも可能です。インスタンスを作成する際に、キーペアが未作成だった場合は一緒に作成しましょう。作成すると秘密鍵がダウンロードできるようになるので、接続元となるマシンの外部からアクセスされない場所に、大切に保管しましょう。秘密鍵を公でアクセス可能な領域にアップロードしたり、他人と共有したりすることはセキュリティの観点から非常に危険なので、避けましょう。

▶ EC2へのログインにはキーペアを使う 図表12-13

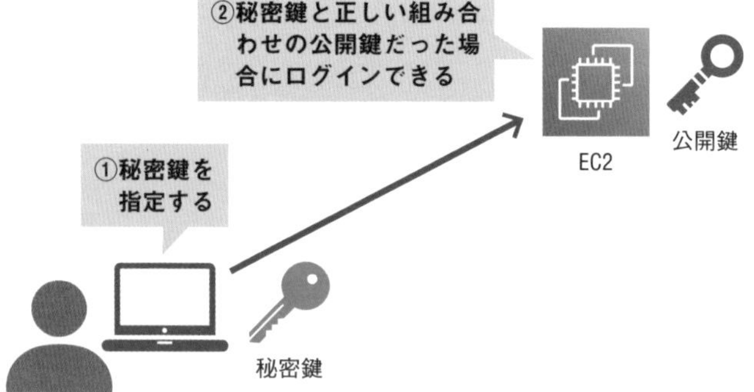

キーペアはEC2へのログインに使うものなので紛失に要注意

Windowsのインスタンスで作業を行う場合は、主に「Remote Desktop Protocol（RDP）」が使用されます。RDP接続にはパスワードが必要になりますが、マネジメントコンソールでローカルにある秘密鍵を指定することで、パスワードを取得できます。

インスタンスにはいくつかの状態がある

インスタンスには大きく 図表12-14 の3つの状態が存在し、この状態をまとめて、ライフサイクルと呼びます。それぞれの特徴についても紹介します 図表12-15。

▶ インスタンスの状態の移り変わり 図表12-14

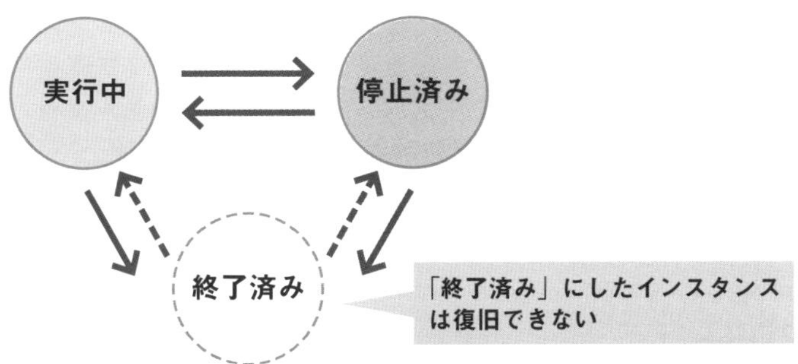

インスタンスには主に「実行中」「停止済み」「終了済み」という3つの状態がある

▶ EC2が取りうる主な状態 図表12-15

ライフサイクル	特徴
実行中（Running）	インスタンスが実行中で、稼働時間に比例して課金される状態。停止操作で「停止済み」へ、終了操作で「終了済み」に遷移する
停止済み（Stopped）	インスタンスが停止中で、課金されない状態。起動操作で「実行中」へ、終了操作で「終了済み」に遷移する
終了済み（Terminated）	インスタンスを削除した状態。一度削除してしまうと「実行中」や「停止済み」には戻せない

ワンポイント　インスタンスの終了は慎重に

終了状態にしたインスタンスは復旧できないので、「終了操作」は慎重に行いましょう。また、誤ってインスタンスを終了しないための、「終了保護」という機能が存在します。「終了保護」が有効になっている限り、マネジメントコンソールやAWS CLI（P.045参照）からの終了操作を無効にできます。複数人での開発など、誤操作を防ぎたい場合に活用するとよいでしょう。

Lesson [Amazon RDS]

13 運用・管理を簡略化するデータベース「Amazon RDS」

このレッスンのポイント

Amazon RDS（以降、RDS）は、データベースのインストールやバックアップの設定不要で、セットアップ済みの環境を使用できるデータベースです。AWSのデータベースサービスの中でも基礎的なサービスといえます。

Amazon RDSとは

Amazon RDSは、AWSで提供されている、リレーショナルデータベースサービスです。数クリックで、DBインスタンスと呼ばれるデータベースサーバーを作成できます。パッチの適用やバックアップといった一定以上の責任をAWSが担うマネージドサービスなので、データベースをEC2インスタンスにインストールして使用するより、運用負荷を軽減できます。

RDSで使用できるデータベースエンジンはMySQL、MariaDB、PostgreSQL、Oracle、Microsoft SQLserver、AWSが独自開発したAmazon Auroraです（図表13-1）。

Amazon Auroraは、MySQLとPostgreSQLと互換性があるクラウド向けのデータベースです。処理性能が高く、MySQLの5倍・PostgreSQLの3倍のパフォーマンスを提供します。また、Auroraは3つのAZに分散してデータをコピーして保管するため、ディスク障害に起因するデータ消失の可能性を、最小限に抑えることができます。

▶ RDSのコンセプト 図表13-1

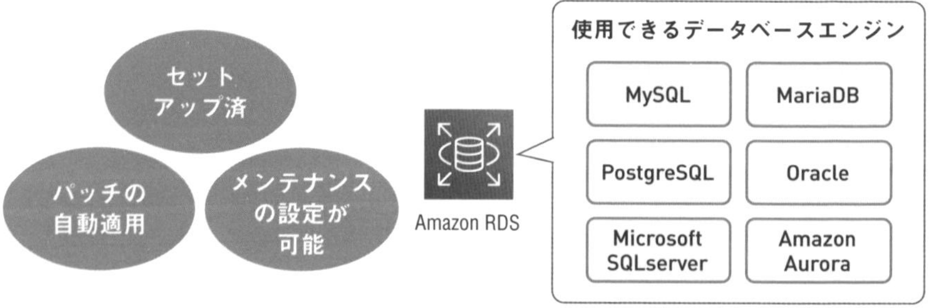

RDSはセットアップ済みなのですぐに使い始められるデータベース

サンプル構成におけるRDSの役割

データベース（RDS）は、システムに必要なデータを格納・管理する役割を担います。サンプル構成（図表13-2）においては、アプリケーションサーバーは、エンドユーザーのリクエストをもとに、必要なデータをデータベースに要求します。この要求はクエリと呼ばれ、データベースはクエリの内容に応じて、保管するデータを返します。

▶ サンプル構成におけるRDS 図表13-2

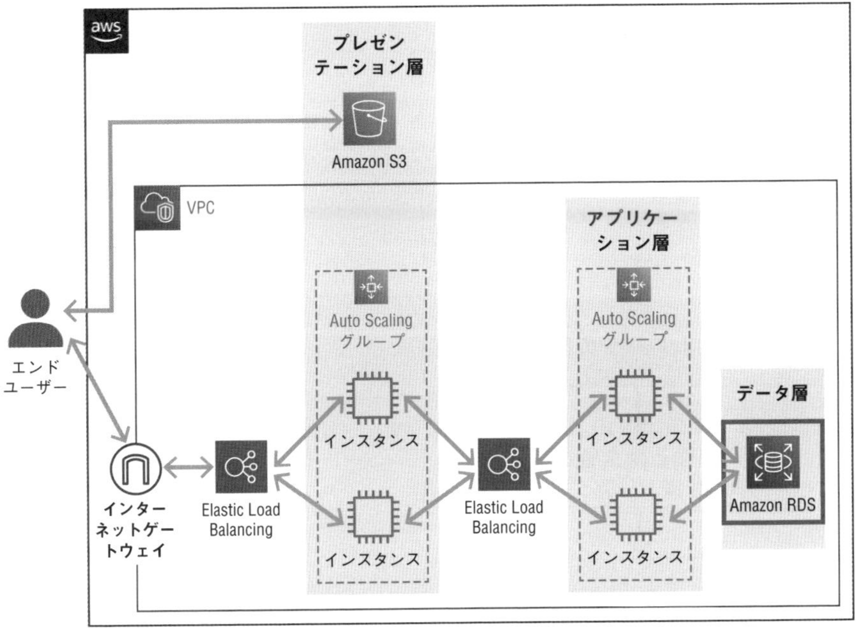

RDSはアプリケーションに必要なデータの格納・取り出しを行うデータベースサービス

RDSはAWSが提供するマネージドなリレーショナルデータベースサービスです。パッチ適用やバックアップなどの管理負荷を軽減し、かつ、高い処理性能や耐障害性を備えています。

NEXT PAGE ➔

RDSを使う流れ

RDSを使用する際の大まかな設定の流れは 図表13-3 のとおりです。ただし、選択するDBエンジンのタイプによって、選択項目や設定の順番は異なります。各種設定項目の理解が深まるよう、RDSの基本事項について見ていきましょう。

▶ RDSにおける設定の流れ 図表13-3

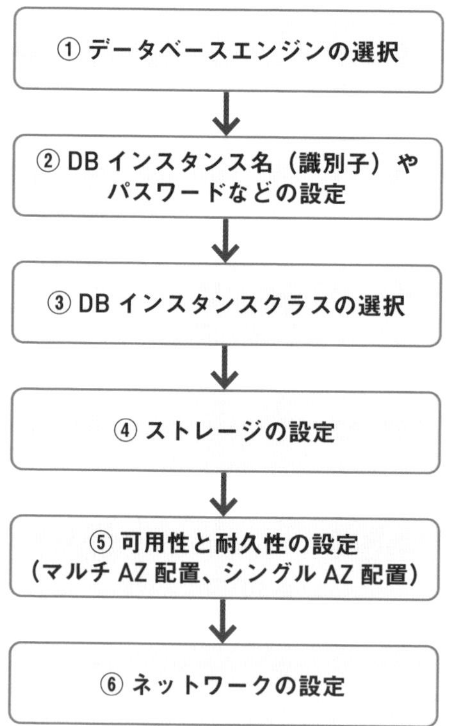

RDSを使い始めるには大きく6つの項目を設定する必要がある

データベースエンジンの選択

まずは、使用するデータベースエンジンを選択します。先ほども述べたとおり、RDSで使用できるデータベースエンジンは、MySQL、MariaDB、PostgreSQL、Oracle、Microsoft SQLserver、Amazon Auroraです。また、データベースエンジンのバージョンもあわせて指定します。

DBインスタンスクラスの選択

RDSもEC2と同様に、DBインスタンスクラスでインスタンスの性能を指定できます。DBインスタンスクラスはCPU、メモリ、ストレージ、ネットワークキャパシティーの組み合わせによって構成されていて、「db.t2.micro」や「db.r5d.xlarge」のように表記します。最初の「db」という文字列は、すべてのDBインスタンスクラスに付与されます。それ以降は、EC2のインスタンスタイプ（P.066参照）で紹介した内容と同様です。また、DBインスタンスクラスは、DBインスタンスの作成後でも変更可能です。

RDSと組み合わせて使うストレージの設定

RDSで選択できるストレージは、汎用SSD、プロビジョンドIOPS、マグネティックの3種類です（図表13-4）。マグネティックは下位互換のためにサポートされているだけなので、基本的には「汎用SSD」か「プロビジョンドIOPS」を選択します。DBインスタンスが起動中のままでもストレージのサイズを増やすことは可能です。ただし、減らすことはできないので注意しましょう。

▶ RDSで選択可能なストレージ 図表13-4

ストレージの種類	種類	容量課金	IOPSキャパシティ課金	IOリクエスト課金	性能
汎用 SSD	SSD	あり（GBあたり）	なし	なし	100-16,000 IOPS
プロビジョンドIOPS	SSD	あり（GBあたり）	あり（IOPSあたり）	なし	1,000-80,000 IOPS（MySQLの場合）
マグネティック	ハードディスク	あり（GBあたり）	なし	あり	100-1,000 IOPS

RDSで使えるストレージは3種類ある

DB インスタンスクラスとストレージを選ぶのは、EC2 と同じ流れです。次は、データベースの可用性に関する設定項目について見ていきましょう。

可用性を向上させるしくみ〜マルチAZ配置

システムの可用性を維持するために、常時稼働するリソースに加えて、障害時用のリソースを準備するという手法があります。このとき前者のリソースはプライマリ、後者のリソースはセカンダリと呼びます。RDSではこの「プライマリ」と「セカンダリ」の構成を、データベースを作成する際の「可用性と耐久性」という項目で簡単に設定できます。「可用性と耐久性」項目にはマルチAZ DBインスタンスという選択肢があります。プライマリインスタンス（「プライマリ」に相当）とスタンバイインスタンス（「セカンダリ」に相当）をAZに配置し、プライマリからスタンバイへデータベースの内容を同期する構成です。プライマリインスタンスに障害が起きた際には、スタンバイインスタンスにフェイルオーバー（自動的に別のシステムに切り替えること）して、システムが提供しているサービスを継続できます（図表13-6）。つまりマルチAZを有効にすると、システムの可用性と耐久性が向上します。

AWSでは、本番環境の場合はマルチAZ構成が推奨されています。一方、単一のDBインスタンスを作成する構成はシングルAZといいます（図表13-5）。

▶ シングルAZ構成 図表13-5

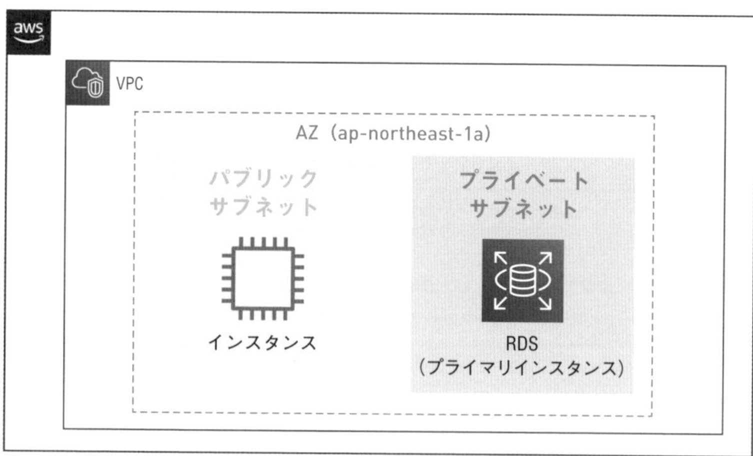

「シングルAZ」はプライマリインスタンスのみの構成

シングルAZ構成は、単一のDBインスタンスなので、障害発生時はサービスを継続できません。

▶ マルチAZ構成 図表13-6

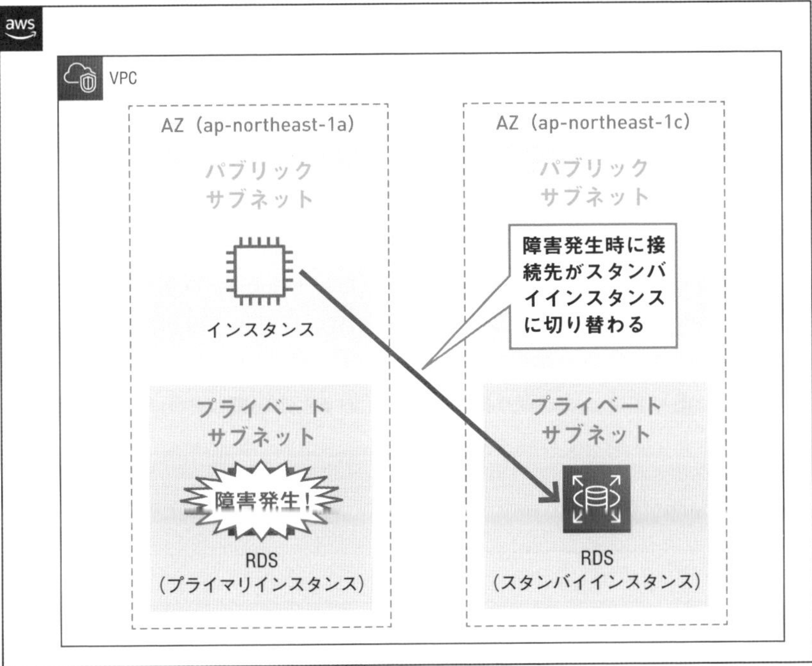

「マルチAZ」にすると可用性が向上する

一方、マルチ AZ 構成は、障害発生時にはスタンバイインスタンスへ接続が切り替わるので、サービスを継続できます。

ワンポイント　障害発生時の接続先

システムはDBインスタンスを指定するとき、IPアドレスではなく、エンドポイント（FQDN）を指定します。プライマリインスタンスに障害が起きたときは、エンドポイントに紐づくIPアドレスをAWSが自動でスタンバイインスタンスのIPアドレスに変更します。これによって、システムの接続先が自動で切り替わります。

NEXT PAGE →

拡張性を向上するしくみ～リードレプリカ

データベースの負荷を軽減するために使用される、読み取り専用のDBインスタンスのことを、リードレプリカといいます（図表13-7）。たとえば、テレビでCMが放送されたためにWebシステムへのアクセスが増加する場合などに、システムの安定稼働を支える手段として有効です。
リードレプリカを作成しない場合、1つのDBインスタンスで読み込みと書き込みを処理する必要があります。読み取り機能のみを担うリードレプリカを作成すると、DBインスタンスの負荷を軽減できます。
なお、データはプライマリとリードレプリカの間で非同期的にコピーされます。そのため、どのエンドユーザーに対しても最新の情報を見せたい場合には、リードレプリカではなく異なる手段が必要です。もしそのような厳密な制約事項がなければ、リードレプリカは負荷分散を実現できる有効な手段なので、利用を検討してみるとよいでしょう。

▶ リードレプリカ 図表13-7

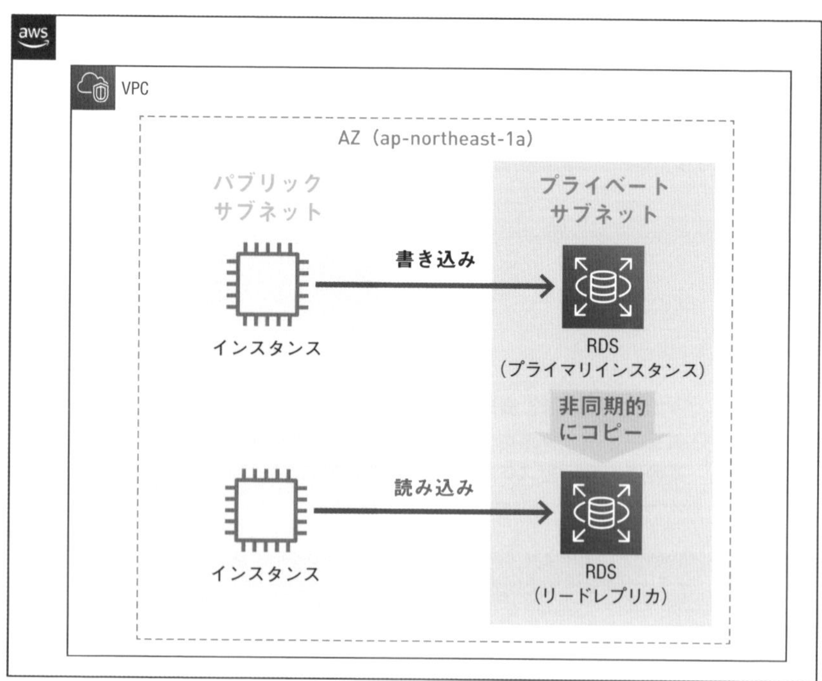

リードレプリカにより読み取り負荷を軽減できる

マルチAZ配置とリードレプリカでは目的が異なる

リードレプリカはマルチAZ配置と似ているように見えますが、目的が異なります。リードレプリカは読み取り性能の向上（スケーラビリティ）、マルチAZ配置はシステムの可用性（アベイラビリティ）の向上が目的です。目的に応じてどちらか、場合によっては両方の機能を活用しましょう。

少しややこしく感じるかもしれませんが、マルチAZ配置とリードレプリカでは、目的が異なる点は押さえておきましょう。

DBインスタンスを配置するサブネットの指定

ここからは、DBインスタンスの作成における細かい設定項目について紹介しましょう。DBインスタンスを配置するVPCサブネットの指定は、DBサブネットグループという項目で行います。DBサブネットグループに指定するVPCは、DBインスタンスの作成前に用意しておく必要があります。そしてDBサブネットグループには、最低でも2つのAZのサブネットを登録することが不可欠です。

またDBサブネットグループは、マルチAZ配置を使わない、シングルAZ配置の場合でも必要なので注意してください。初期構築時はシングルAZ配置でも、あとから簡単にマルチAZ配置に変更できるよう、RDSでは複数のAZをまたぐ設定が必須となっているためです。

基本的には、インターネットからDBインスタンスに直接アクセスできるようにする必要がないので、DBサブネットグループにはプライベートサブネットを登録します。しかし、パブリックサブネットを登録して、インターネットからDBインスタンスにアクセスできるようにすることも可能です。

▶ DBサブネットグループ 図表13-8

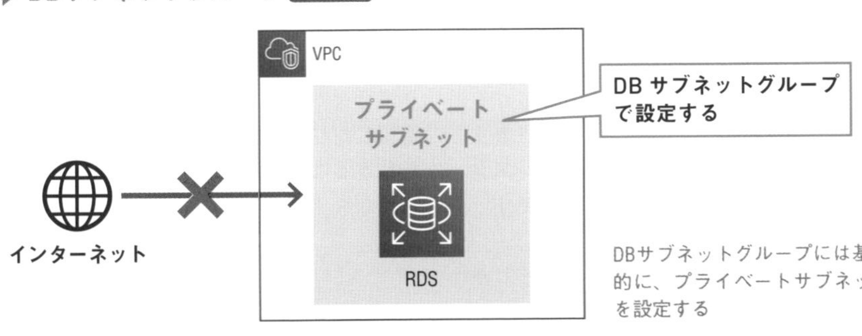

データベースエンジンの設定を変更する方法

RDSには、DBインスタンスのOSにログインできないという制限事項があります。ただしRDSには、OSにログインせずにデータベースエンジンの設定を変更できる、パラメータグループとオプショングループという機能が用意されています（図表13-9）。パラメータグループとオプショングループを指定せずにDBインスタンスを作成すると、デフォルトの共通設定が適用されます。

▶ パラメータグループとオプショングループ 図表13-9

機能	概要
パラメータグループ	タイムゾーンなど、データベースエンジンの設定を管理する
オプショングループ	データベースのセキュリティを強化する機能など、データベースエンジンごとに用意されている追加機能を有効にできる

RDSのDBインスタンスを調整したい場合に使う機能

DB インスタンスごとに設定を調整できるように、パラメータグループとオプショングループをそれぞれ作成して適用することをおすすめします。

ワンポイント　RDSの制限事項

サーバーにデータベースソフトウェアをインストールするのではなく、RDSを利用すると、運用負荷を軽減できるといったメリットがあります。しかし、RDSには機能や性能の制限があります。たとえば、上記で述べた、DBインスタンスのOSにログインできない点です。また、データベースエンジンのバージョンはAWSが提供している中からしか選べない、DBインスタンスのスペックに上限がある、といった制限事項もあります。そのため実際に本番環境で使う場合は、AWSの公式ドキュメントを確認したり、検証環境で動作確認をしたりするなどして、RDSを使用して問題がなさそうかを事前に確認しましょう。

DBインスタンスを復旧する方法

誤ってDBインスタンスを削除してしまった場合や、同様のデータベースを再作成したい場合には、スナップショットからの復元（リストア）機能を利用します（図表13-10）。

スナップショットとは、DBインスタンスのバックアップのことです。RDSでは標準的に、トランザクションログと1日1回のスナップショットが取得されています。なおトランザクションログとは、データベースに加えられた変更を順番に記録したものです。スナップショットは任意のタイミングで手動で取得することもできます。

そしてリストアとは、取得したスナップショットからDBインスタンスを作成することです。リストアの方法は2通りあります。1つはスナップショットを取得した時点のDBインスタンスを作成する方法、もう1つはある時点におけるDBインスタンスを作成する方法です。前者はスナップショットから、そのままDBインスタンスをリカバリします。後者は「ポイントインタイムリカバリ」と呼ばれる方法で、スナップショットとトランザクションログを使って、5分以上前の指定した時間におけるDBインスタンスを再現できます。

また、DBインスタンスにはリネームという機能があり、エンドポイントの名前を変更できます。たとえば「prod.example.com」というエンドポイントで稼働していたDBインスタンスがダウンしてしまい、リストアが必要になったとします。リストアで作成されるのは新規のDBインスタンスであり、旧環境のエンドポイント「prod.example.com」が存在している限り、同じエンドポイントを設定できません。そのため、たとえば旧環境のエンドポイントを「old.example.com」とリネームし、新環境で「prod.example.com」が使用できるようにします。このようにリネームを活用すると、アプリケーションからの接続先は「prod.example.com」のまま稼働させることができます。

▶ リストア 図表13-10

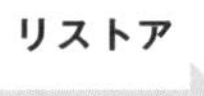

スナップショットやトランザクションログをもとにDBインスタンスを復元できる

Chapter 2 最初に押さえたいAWSの基礎的なサービス

Lesson 14 [Elastic Load Balancing]

システムの可用性を向上させる「ELB」

このレッスンのポイント

Elastic Load Balancingは、AWSの負荷分散サービスです。負荷分散は、システムを安定稼働させるために必要不可欠です。AWSでは負荷分散をどう設定するのかを見ていきましょう。

負荷分散による可用性の向上

サーバーの性能を超えるアクセスがあった場合、システムに障害が発生したりシステム自体がダウンしてしまったりすることがあります。これは、P.013でも述べたように、ビジネスにおける機会損失につながります。そのため、システムやアプリケーションを安定して稼働させるには、負荷を分散することが重要です。

AWSでは、通信を複数のサーバーに分散し、サーバー1台あたりの負荷を軽減するサービスである、Elastic Load Balancing（ELB）が提供されています（図表14-1）。また、ELBが提供する負荷分散を行う実体または機能をロードバランサーといいます。

▶ 負荷分散を行うELB 図表14-1

負荷分散により障害発生やシステムのダウンを防ぐ

サンプル構成におけるELBの役割

ELBはサンプル構成（図表14-2）において、エンドユーザーからのWebサーバーへのリクエストと、Webサーバーからアプリケーションサーバーへのリクエストの負荷分散を担います。また、ELB自体の負荷が増えた場合、ELBは自動でスケールアウトしたりスペックを上げたりして、ELB自体の負荷も調節します。

▶ サンプル構成におけるELB 図表14-2

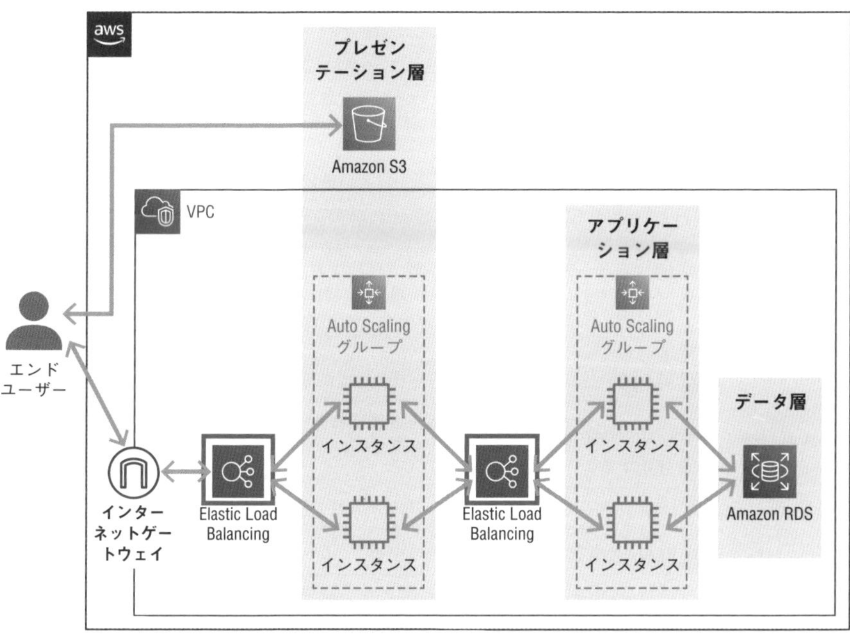

ELBはアクセスを背後のリソースに割り振る負荷分散サービス

ワンポイント ELBに障害が起きたらどうなる？

図表14-2 から「ELBに障害が起きたら通信できなくなるのでは？」と考える人がいるかもしれません。図ではアイコン1つで示しているので、ロードバランサーは1つしか作られないように見えますが、実際は作成時に指定するAZ間で冗長化されています。利用者はELBの冗長化について考える必要はありません。ELBは高可用性を提供するマネージドサービスであり、単一障害点にはなりません。

ELBのロードバランサーには種類がある

ELBのロードバランサーには、Application Load Balancer（ALB）、Network Load Balancer（NLB）、Gateway Load Balancer（GLB）、旧世代のClassic Load Balancer（CLB）という種類があります（図表14-3）。これらのロードバランサーは、機能するレイヤーがそれぞれ異なります。

たとえば、ネットワークの役割を階層化した「OSI参照モデル」における、アプリケーション層で通信を分散させたい場合は、ALBを使用します。そしてNLBは、OSI参照モデルのトランスポート層でのプロトコル（TCPやUDPなど）で負荷分散をさせたい場合に活用します。

このように、ロードバランサーには種類があるので、負荷分散を行いたいレイヤーに応じて、適切なロードバランサーを使用する必要があります。

▶ロードバランサーの種類 図表14-3

ロードバランサー	機能
Application Load Balancer (ALB)	HTTPなど、アプリケーション層で機能する。主に、WEBサーバーとアプリケーションサーバーの負荷分散に使用する。リクエストのパスに応じてアクセスの割り振り先を決定するルーティング（パスベースルーティング）が可能
Network Load Balancer (NLB)	トランスポート層で機能する。TCP、UDPなどのプロトコルで負荷分散を行う。低レイテンシーで高スループットの処理が可能
Gateway Load Balancer (GLB)	ネットワーク層とトランスポート層にわたって機能する。主に、ファイアウォール、侵入検知、防止システムなどのサードパーティーツールと連携する際に使用する
Classic Load Balancer (CLB)	アプリケーション層とトランスポート層で機能する。パスベースルーティングのような複雑な負荷分散はできない。旧世代のロードバランサーなので、現在はALBかNLBの利用が推奨されている

ELBのロードバランサーは4種類ある

エンドユーザーからのプレゼンテーション層へのアクセス負荷を分散させたい場合には、まずはALBが利用できるか検討するケースが多いでしょう。NLBとどちらを利用すればよいか迷ったときは、ALBで対応できない要件（たとえばアプリの成長によってトラフィック量が増加し、より高いパフォーマンスが必要になる場合など）がある場合にNLBが利用できるかを検討する、といった流れで選定しましょう。

どこからの通信の負荷を分散するかの設定

ELBでは、ロードバランサーの種類だけではなくさまざまな設定項目があるので、順番に解説していきましょう。まずは「インターネット向け」と「内部向け」の設定についてです。これは、ロードバランサーがインターネットからの通信を受けるか否かを決めるための設定項目です（図表14-4）。システム全体が正常稼働するためには、インターネットからのアクセスを受け付けるプレゼンテーション層に対する通信だけではなく、アプリケーション層のサーバーに対する通信についても負荷分散を行う必要があります。

「インターネット向け」に設定するとインターネットから通信ができますが、「内部」に設定すると、インターネットからの直接的な通信はできないように設定できます。図表14-2の左側のロードバランサーはエンドユーザーからの通信を受け付ける必要があるため、「インターネット向け」に設定する必要があります。

一方、右側のロードバランサーはインターネットからの通信を受け付ける必要がない、「内部」のロードバランサーとして設定します。内部のロードバランサーは、P.083のサンプル構成のように、インターネットと直接やりとりしない、VPC内部からのアクセスの負荷分散をする場合に用いられます。「内部」に設定すると、インターネットからアクセスできない、プライベートなDNS名が割り振られます。

▶ インターネット向けELBと内部向けELB 図表14-4

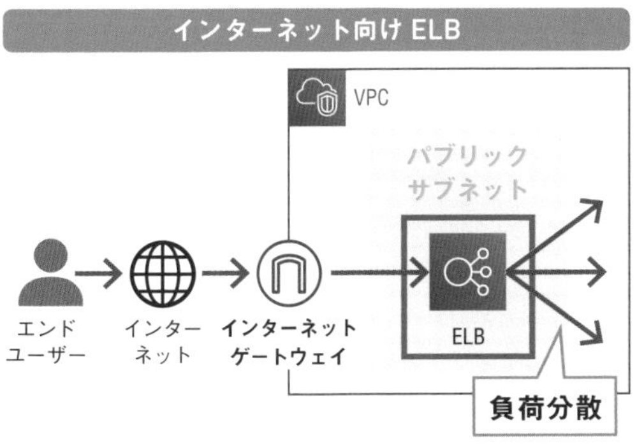

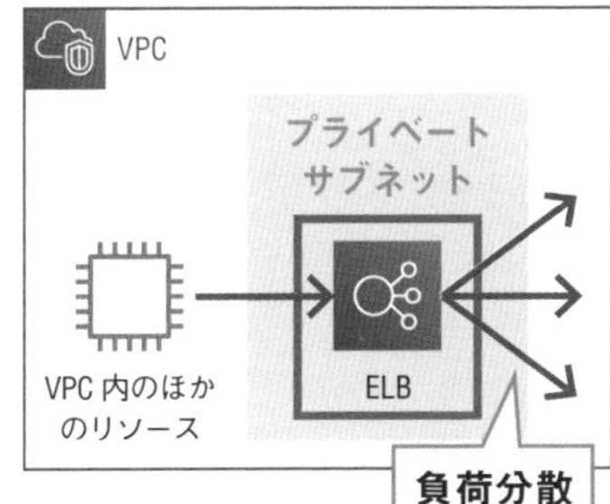

インターネットに面したELBとプライベートなELBが設定できる

「インターネット向け」か「内部向け」かの設定は、作成後に変更できません。もし間違えた場合は作り直す必要があるので、注意が必要です。

ロードバランサーで行う通信制御

EC2の場合（P.068参照）と同様で、セキュリティ上の観点から、ロードバランサーを通過する通信も必要最低限になるよう設定しておくべきです。ELBでも、通信の制御に「セキュリティグループ」を使用できます。

サンプル構成（図表14-2）では、左側のロードバランサーはエンドユーザーからのリクエストを受け付ける必要があるため、インターネットゲートウェイからのインバウンドを許可する設定にします。そして右側のロードバランサーは、Webサーバーが存在するサブネットからのインバウンドを許可する必要があります。

インバウンドを許可する際のルールには、CIDR表記（P.055参照）で設定する方法と、リクエストの送り主にアタッチされているセキュリティグループを指定する方法があります。

図表14-5の例では、インバウンドルールにEC2のインスタンスにアタッチされたセキュリティグループを指定して、右側にあるALBへのアクセスを許可しています。

▶ ELBのインバウンドルールの設定例 図表14-5

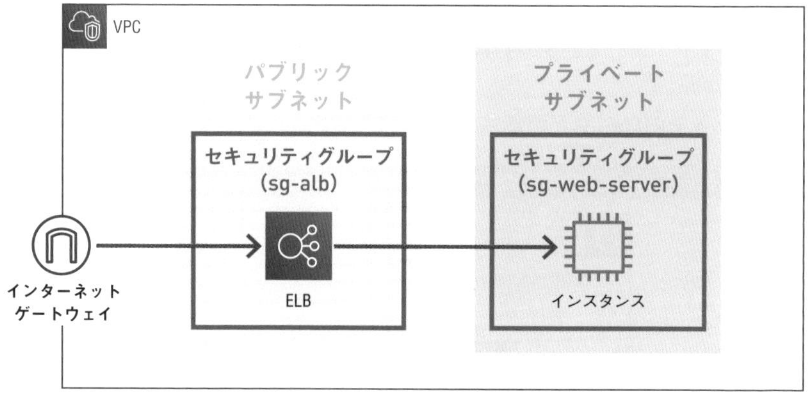

インバウンドルール

タイプ	プロトコル	ポート範囲	ソース
HTTPS	TCP	8080	0.0.0.0/0

インバウンドルール

タイプ	プロトコル	ポート範囲	ソース
HTTPS	TCP	80	sg-alb

セキュリティグループを利用すると、ELBに対する通信を制御できる

通信の受け付けと転送先の設定を担う「リスナー」

ロードバランサーがどのような通信を受け付け、どこに転送するかは、リスナーと呼ばれるコンポーネントで設定します。たとえばALBの場合、HTTPもしくはHTTPSプロトコル、およびポート番号を設定します。なお、HTTPSを選択する場合は、サーバー証明書の準備が必要です。

通信の転送先〜ターゲットグループ

負荷分散の対象となるサーバーをまとめたグループのことを、ターゲットグループといいます。そしてターゲットグループに含まれる各サーバーを、ターゲットといいます。シンプル構成において、ターゲットグループはWebサーバーおよびアプリケーションサーバーを担うEC2インスタンス群のことであり、ターゲットは1つ1つのEC2インスタンスのことです（図表14-6）。エンドユーザーからのリクエストは、ALBからターゲットグループに転送され、ターゲットで処理されます。

▶ リスナーとターゲットグループの設定画面（ALBの場合） 図表14-6

リスナーで、通信の転送先であるターゲットグループを設定する

▶ リスナーとターゲットグループの設定例（ALBの場合） 図表14-7

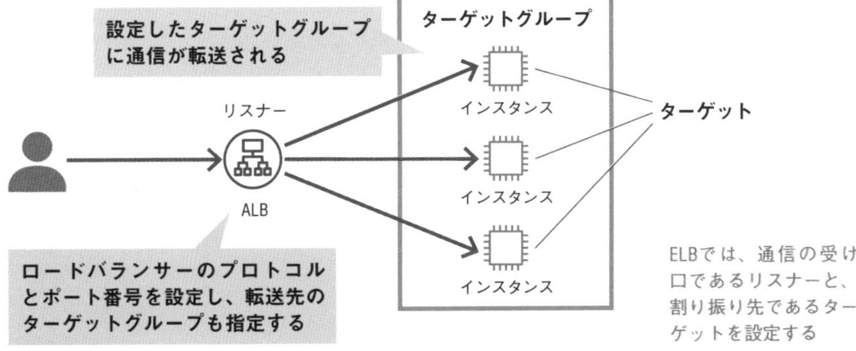

ELBでは、通信の受け口であるリスナーと、割り振り先であるターゲットを設定する

NEXT PAGE ➔

ターゲットのチェックを行う機能〜ヘルスチェック

ヘルスチェックとは、ロードバランサーがターゲットグループ内のターゲットに対して定期的にチェックを行い、ターゲットが正常に稼働しているかどうかを確認する機能です。ELBでは、ヘルスチェックで正常に稼働していることが確認されたサーバーにのみ、通信が転送されるようになっています。

ヘルスチェックの設定を変更すると、異常なターゲットを負荷分散の対象から外す時間を早くしたり、ヘルスチェックに使うポートを変更したりすることが可能です（図表14-8）。

ヘルスチェックの設定項目（ALBの場合）図表14-8

設定項目	概要	デフォルト値（ALB）
プロトコル	ヘルスチェック時にロードバランサーが使用するプロトコル	HTTP
パス	ヘルスチェックの配信先のパス	/
ポート	ヘルスチェック時にロードバランサーが使用するポート	トラフィックポート
正常のしきい値	ターゲットの状態が正常か非正常かを判断する値	5
非正常のしきい値	ターゲットの状態を異常とみなすまでのヘルスチェックの連続失敗回数	2
タイムアウト	ヘルスチェックを失敗とみなすターゲットからのレスポンスが途絶えた時間	5（秒）
間隔	ターゲットのヘルスチェックの概算間隔	30（秒）
成功コード	ターゲットからの正常なレスポンスの確認に使用するHTTPステータスコード	200

ヘルスチェックでは、非正常のしきい値やタイムアウトなどを設定する

ヘルスチェックにより、負荷分散の対象から異常なターゲットを除外することができます。これにより、サービスの安定的な提供が可能になります。

セッション管理が必要な場合は

本レッスンの最後に、ELBのスティッキーセッションという設定を紹介します。この機能を理解するために、ショッピングサイトでエンドユーザーが商品をカートに追加する操作について考えてみましょう。ユーザーXが商品をカートに追加するたびに、1つのHTTPリクエストがサーバーに送られるとします。そして、A、B、Cという3つの商品がカートに追加されるとしましょう。

この場合にELBを使用していると、デフォルトの設定ではユーザーが複数回リクエストを送信した場合、それらのリクエストが同じ1つのターゲットに転送される保証はありません。転送されるターゲットが毎回変わってしまうとしたら、ユーザーXのカートに3つの商品が追加されることは偶然を除いてありません。この、ユーザーの情報をサーバー側で管理することを、セッション管理といいます。

ユーザーXがはじめに1つ商品を追加したことを記録したターゲットに、2回目以降もアクセスさせる必要があります。このようなセッション管理を必要とするアプリケーションは、スティッキーセッションを設定することで実現できます（図表14-9）。

▶ スティッキーセッションの設定の有無による違い 図表14-9

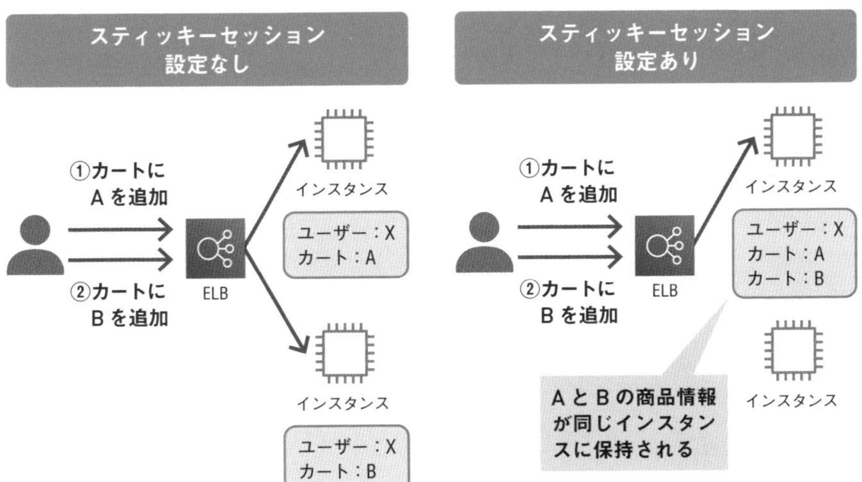

セッション管理が必要な場合は「スティッキーセッション」を設定する

Lesson 15 [Amazon S3①]

堅牢なデータストレージ「Amazon S3」

このレッスンのポイント

Amazon S3は安価で耐久性の高いストレージサービスです。画像や動画などさまざまなファイルを保存できるので、データの保管場所として、多くのシステムで採用されているサービスです。その特徴や機能について紹介します。

Amazon S3とは

Amazon S3（以降、S3）は、AWSで提供されている、オブジェクトストレージのサービスです。オブジェクトストレージとは、データをオブジェクトとして扱い、IDとメタデータによって管理する方式です。S3はデータを1年間保管した場合に、消失せずに保管されるオブジェクトが平均99.999999999%という非常に高い耐久性を提供します。この高い耐久性は、9が11個続くことから「イレブンナイン」と呼称されます。また、実質保存容量が無制限であることも特徴です。S3は利用者が直接ファイルをアップロードできるのはもちろんのこと、AWSの各種サービスと連携してデータの保存先として使うこともよくあります（図表15-1）。また、大容量のデータや長期間保管が必要なデータの格納先としても活用されます。ユースケースとしては、バックアップ、ログ、分析するためのビッグデータの保管などがあります。

なお、S3は安価なことも特長の1つです。

▶ データの保存先に使われるS3 図表15-1

S3はさまざまなデータを保管するのによく使われるAWSサービス

サンプル構成におけるS3の役割

S3は、サンプル構成（図表15-2）において、画像や動画といった静的コンテンツの保管と配信を担っています。静的なコンテンツを分離して管理する構成は、システム全体のパフォーマンスを向上させるための一般的な方法です。もちろん、容量の大きなファイルである、画像や動画をWebサーバーやDBに保管することは可能です。しかし、通信のパフォーマンスを悪化させてしまう場合があります。そのため、容量の大きなファイルはS3などのストレージに保管し、データベースにはS3に保存したファイルのURLを格納しておくといった方法があります。

▶ サンプル構成におけるS3 図表15-2

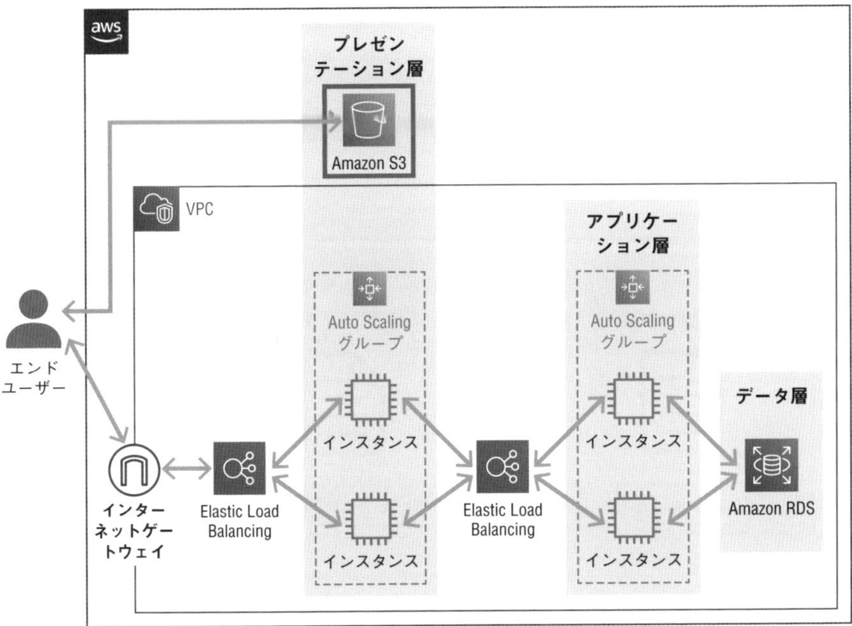

画像や動画など、静的コンテンツを保管、配信できる

S3のオブジェクトストレージは非常に耐久性が高く、安価で保存容量が実質無制限であることが特徴です。

S3の基本〜バケット／オブジェクト／メタデータ

S3を使うにはまず、バケット、オブジェクト、メタデータという3つの用語を理解する必要があるので1つずつ解説しましょう（図表15-3）。

バケットは、オブジェクトの保存場所です。バケットの作成時には名称を指定しますが、その名称はすべてのAWSアカウントでユニークである必要があります。オブジェクトは、バケットに保管されるデータ本体のことです。各オブジェクトには「キー」が付与され、「バケット名＋キー名＋バージョンID」という組み合わせからなるURLが作成されます。利用者はこのURLに対してHTTPをベースとしたWeb APIを使うことで、各オブジェクトにアクセスできます。

メタデータは、オブジェクトを管理するための情報です。オブジェクトのサイズや最終更新日などの「システム定義メタデータ」や、アプリケーションで必要な情報を追加できる「ユーザー定義メタデータ」があります。

▶ バケット・オブジェクト・メタデータの関係 図表15-3

オブジェクトとメタデータはバケットに保存されている

ファイルシステムでたとえると、バケットはフォルダ、オブジェクトはファイルそのものといえます。

S3のストレージには種類がある

格納するデータの特性に応じて最適な保管方法が選択できるよう、S3では、ストレージの種類（ストレージクラス）が用意されています。図表15-4に示すとおり、ストレージクラスは6つあるので、冗長性のレベルやデータの取得頻度に応じて、適したストレージクラスを選択する必要があります。

▶S3のストレージクラス 図表15-4

ストレージクラス	概要
S3 標準	デフォルトのストレージクラス。複数AZにデータを複製する
S3 標準 – 低頻度アクセス	「標準」に比べてデータを格納するコストが安価。データの読み出し容量に対してはコストがかかる
S3 1 ゾーン – 低頻度アクセス	シングルAZにデータを格納。データを保管したAZに障害が発生するとデータが失われてしまうので注意
S3 Intelligent-Tiering	アクセス頻度によってオブジェクトに適用するストレージクラスを、「S3 標準」か「S3 標準 – 低頻度アクセス」に自動で最適化する
S3 Glacier Flexible Retrieval	アーカイブに適した低コストなクラス。データの取り出しにコストがかかる
S3 Glacier Deep Archive	アーカイブに適したもっとも低コストなクラス。データの取り出しにコストがかかる

アクセス頻度が低かったり重要度の低いデータを保管したりする場合には、「標準 – 低頻度アクセス」や「1 ゾーン – 低頻度アクセス」が活用できます。めったにアクセスしないアーカイブ用のデータであれば、「Glacier Flexible Retrieval」や「Glacier Deep Archive」の利用を検討しましょう。

ワンポイント 「最小ストレージ期間料金」とは

「S3標準」と「S3 Intelligent-Tiering」以外のストレージクラスには、最小ストレージ期間料金が設定されています。たとえば「S3 Glacier Deep Archive」の最小ストレージ期間は180日です。このストレージクラスを利用する場合、ユーザーがアップロードしてから10日経過後にオブジェクトを削除した場合、残りの日数（170日）に応じて追加料金が発生します。そのため大量のデータをS3に投入する場合は、その点も踏まえてストレージクラスを事前に検討しましょう。

NEXT PAGE →

データ消失のリスクに備える

S3はデータのバージョン管理ができる、バージョニング機能を提供しています。これにより、ファイルを復元して過去の状態に戻すことができ、利用者の誤操作による改変や削除のリスクを低減できます。

バージョニング機能を有効にすると、図表15-5のようにバージョンIDが付与され、現行の状態だけでなく過去の状態を管理できます。現行の状態でオブジェクトが再アップロードされるか、削除操作が実行されると、バージョンIDが付与されます。このように、同一名のオブジェクトに更新操作が実行されるごとに、過去の状態がバージョンIDによって識別できるようになります。以前のバージョンに戻したい場合は、過去の状態を指定して現行のバージョンに繰り上げることができます。

なお、バージョニングが有効の場合の削除操作は、完全な削除ではなく削除マーカーの付与（論理的な削除）となります。削除マーカーが付与されたオブジェクトは、現行バージョンでは削除操作が行われたように見えますが、以前のバージョンのデータは残ったままです。

▶ バージョニング 図表15-5

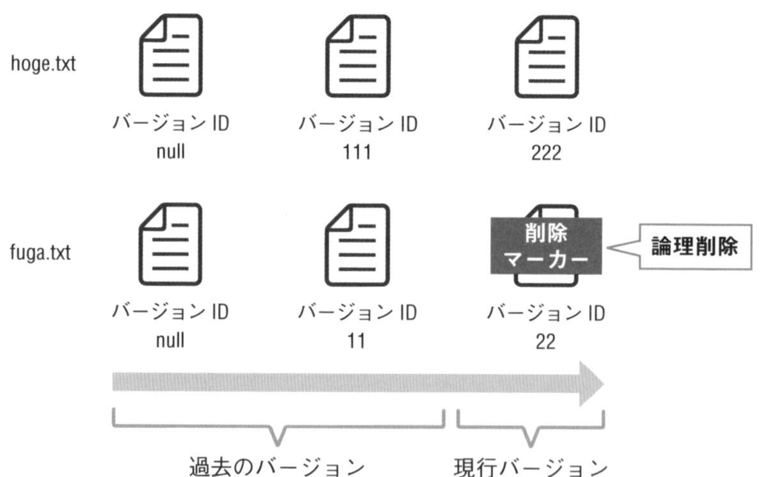

過去のバージョンが管理できるので、データの消失を防げる

ライフサイクルによる料金の最適化

S3に保存したオブジェクトを、経過した日数に応じて異なるストレージクラスに移行したり、自動的に削除したりする、ライフサイクルという機能があります。たとえば、「標準クラスに保管されたデータを60日経過後に、アーカイブに適したストレージクラスであるGlacierに移行する」「アップロードから100日後にオブジェクトを削除する」といった設定が可能です（図表15-6）。これによって、料金の最適化が行えます。

なお、バージョニングが有効にしてある場合は、削除といっても「完全な削除」ではなく、削除マーカーの付与となります（前ページの図表15-5参照）。

▶ S3の「ライフサイクル」機能 図表15-6

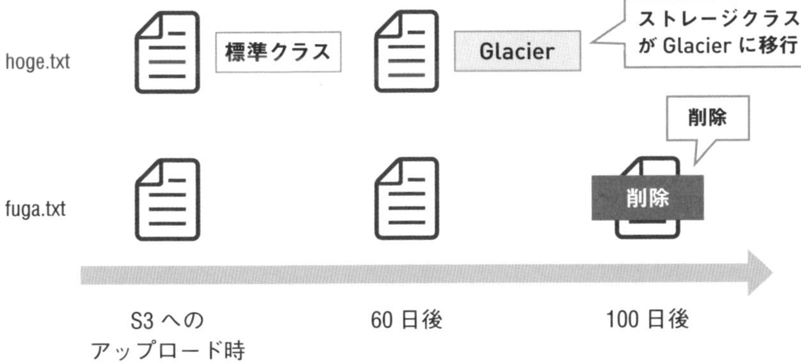

適切なストレージクラスへの自動移行などが行える

ワンポイント バージョニングする場合は料金に要注意

バージョニング機能を有効にすると、同じキーのオブジェクトであっても、複数のバージョンのファイルが存在しえます。その場合、バージョン管理されている数だけ料金が発生します。最初にファイルを投稿し、その後何回かアップデートして全部で3つのバージョンが存在する場合（ファイルの容量が毎回同じ場合）は、バージョニングが無効の場合に比べて3倍のストレージコストが発生することに注意しましょう。

Lesson [Amazon S3②]

16 「Amazon S3」におけるアクセス制御

このレッスンのポイント

S3に保存しているデータに対して、Aさんはアクセス可能・Bさんはアクセス不可にするといった、アクセス制御を行いたいことはよくあります。ここではS3におけるアクセス制御について詳細を解説していきましょう。

○ AWSのアクセス制御のしくみ〜ポリシー

S3でバケットのアクセス制御を行うには「バケットポリシー」を使いますが、そもそもポリシーとは何かから見ていきましょう。

AWSでは、ポリシーを使用してアクセス権限を設定できます。そしてポリシーには、アイデンティティベースとリソースベースという2種類が存在します。アイデンティティとはAWSではアクションの実行主体のことで、リソースとはアクションの対象のことです。たとえば「EC2インスタンスがCloudWatch Logsにログを書き込む」といった場合は、EC2のインスタンスがアイデンティティ、CloudWatch Logsがリソースです。アイデンティティベースのポリシーはアクションの実行主体に適用されるもの、リソースベースのポリシーはアクションの対象に適用されるものです。

たとえば、AさんがリソースXに対して「書き込み」というアクションを実行したい場合、Aさんにアタッチされるのがアイデンティティベースのポリシーで、リソースXにアタッチされるのがリソースベースのポリシーです（図表16-1）。この例ではAさんという「人」でしたが、実際にはリソースXに対してアクセスする、AWSのほかのサービスの場合もあります。

▶ ポリシーの種類 図表16-1

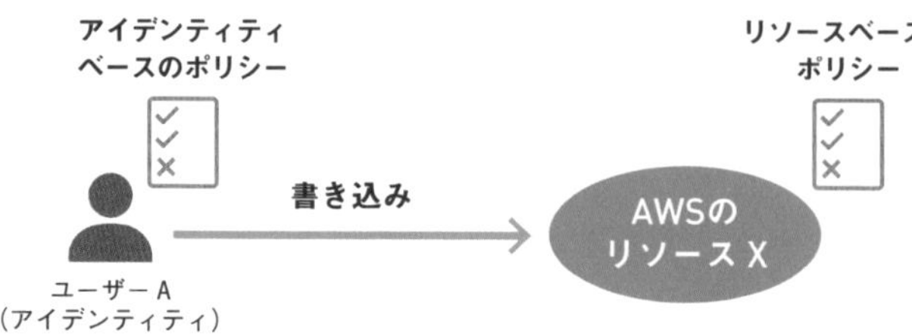

実行主体に適用される「アイデンティティベース」と、実行されるリソース側に適用される「リソースベース」のポリシーがある

バケットへのアクセスを制御するには

S3のバケットポリシーはリソースベースのポリシーの1つで、アクセス権限をS3側で設定する機能です。バケットポリシーは、名前のとおり、バケットに対して設定できます（図表16-2）。

▶ バケットのアクセス制御を行う 図表16-2

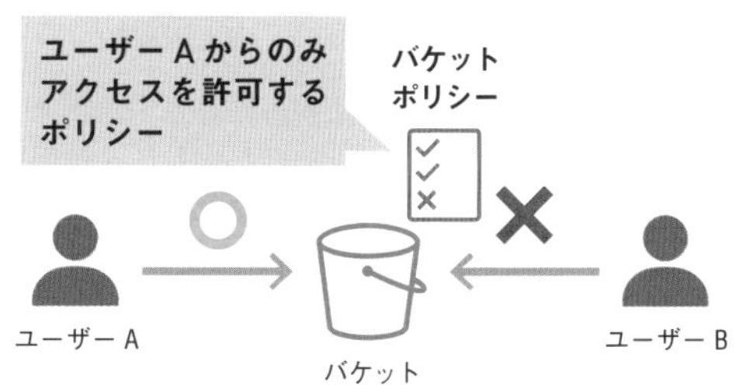

バケットポリシーを使うとバケットのアクセス制御が可能

ちなみに、S3のバケットとオブジェクトに対するアクセス権限は「ACL」と呼ばれる機能で設定することも可能です。しかし、現在はACLを無効化することが推奨されています。

バケットポリシーの設定例

バケットポリシーは、JSON形式で設定を記述します。図表16-3 で示した例は、「ichiyasa-bucketに保存されるオブジェクトに対する読み取り（"Action": "s3:GetObject"）」の操作を「すべての実行主体（"Principal": "*"）」に許可するバケットポリシーです。

▶ バケットポリシーの例 図表16-3

```
{
   "Version": "2012-10-17",
   "Statement": [
        {
            "Sid": "PublicReadGetObject",
            "Effect": "Allow",………… 後述のActionを「許可」
            "Principal": "*",…………… すべての実行主体
            "Action": "s3:GetObject",… オブジェクトの読み取り
            "Resource": "arn:aws:s3:::ichiyasa-bucket/*"
        }                            ……… S3の「ichiyasa-bucket」
   ]
}
```

設定ミスによるバケットの外部公開を防ぐ

S3には、バケットポリシーのように、保存するデータに対してアクセス制御ができる機能が備わっています。しかし、実際には設定ミスなどで、本来は非公開にしたいバケットを、意図せず外部公開してしまうケースもよくあります。そのようなケースには、ブロックパブリックアクセスを利用した対策が有効です。ブロックパブリックアクセスは、誤ったバケットポリシーを定義してしまい、コンテンツが外部に公開可能な状態になってしまった場合などにも、インターネットからのアクセスをブロックできる設定です。一般公開したくないコンテンツの場合は、ブロックパブリックアクセスを無効にしないようにしましょう（図表16-4）。なお、バケット作成後でも、「バケットの編集」からブロックパブリックアクセスを再設定できます。

▶ ブロックパブリックアクセス 図表16-4

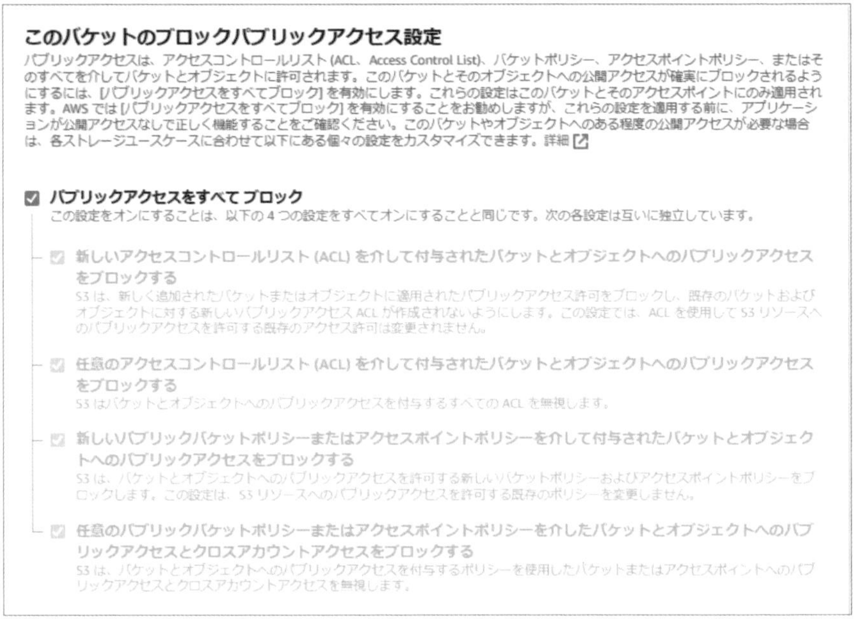

このバケットのブロックパブリックアクセス設定

パブリックアクセスは、アクセスコントロールリスト (ACL、Access Control List)、バケットポリシー、アクセスポイントポリシー、またはそのすべてを介してバケットとオブジェクトに許可されます。このバケットとそのオブジェクトへの公開アクセスが確実にブロックされるようにするには、[パブリックアクセスをすべてブロック] を有効にします。これらの設定はこのバケットとそのアクセスポイントにのみ適用されます。AWS では [パブリックアクセスをすべてブロック] を有効にすることをお勧めしますが、これらの設定を適用する前に、アプリケーションが公開アクセスなしで正しく機能することをご確認ください。このバケットやオブジェクトへのある程度の公開アクセスが必要な場合は、各ストレージユースケースに合わせて以下にある個々の設定をカスタマイズできます。詳細

- [x] **パブリックアクセスをすべて ブロック**
  この設定をオンにすることは、以下の 4 つの設定をすべてオンにすることと同じです。次の各設定は互いに独立しています。
  - [x] **新しいアクセスコントロールリスト (ACL) を介して付与されたバケットとオブジェクトへのパブリックアクセスをブロックする**
    S3 は、新しく追加されたバケットまたはオブジェクトに適用されたパブリックアクセス許可をブロックし、既存のバケットおよびオブジェクトに対する新しいパブリックアクセス ACL が作成されないようにします。この設定では、ACL を使用して S3 リソースへのパブリックアクセスを許可する既存のアクセス許可は変更されません。
  - [x] **任意のアクセスコントロールリスト (ACL) を介して付与されたバケットとオブジェクトへのパブリックアクセスをブロックする**
    S3 はバケットとオブジェクトへのパブリックアクセスを付与するすべての ACL を無視します。
  - [x] **新しいパブリックバケットポリシーまたはアクセスポイントポリシーを介して付与されたバケットとオブジェクトへのパブリックアクセスをブロックする**
    S3 は、バケットとオブジェクトへのパブリックアクセスを許可する新しいバケットポリシーおよびアクセスポイントポリシーをブロックします。この設定は、S3 リソースへのパブリックアクセスを許可する既存のポリシーを変更しません。
  - [x] **任意のパブリックバケットポリシーまたはアクセスポイントポリシーを介したバケットとオブジェクトへのパブリックアクセスとクロスアカウントアクセスをブロックする**
    S3 は、バケットとオブジェクトへのパブリックアクセスを付与するポリシーを使用したバケットまたはアクセスポイントへのパブリックアクセスとクロスアカウントアクセスを無視します。

バケットを作成する際の設定画面。デフォルトで「ブロックパブリックアクセス」が有効になっている

ワンポイント S3では静的サイトのホスティングも可能

本レッスンの最後に、S3の有名な機能である静的Webサイトホスティングについて紹介しておきましょう。この機能を利用すると、たったの数クリックでWebサイトを配信できます（図表16-5）。「静的」と付いているのは、エンドユーザーからのリクエストに対応するオブジェクトをレスポンスするだけの、シンプルな機能のためです。S3自体にはアプリケーションサーバーのように、要求に応じて何かしらの処理を行うといった機能がありません。

上記の説明では、機能面では劣った印象を持ってしまうかもしれませんが、決してそのようなことはありません。Vue.jsやReactといったWebアプリケーションフレームワークで作成できる、シングルページアプリケーション（SPA）のホスティング先として使用されることも多いためです。単なる静的なWebサイトだけではなく、アプリケーションを配信するためのホスティング先としても活用できるため、積極的に利用を検討してみましょう。

▶ S3の静的Webサイトホスティング 図表16-5

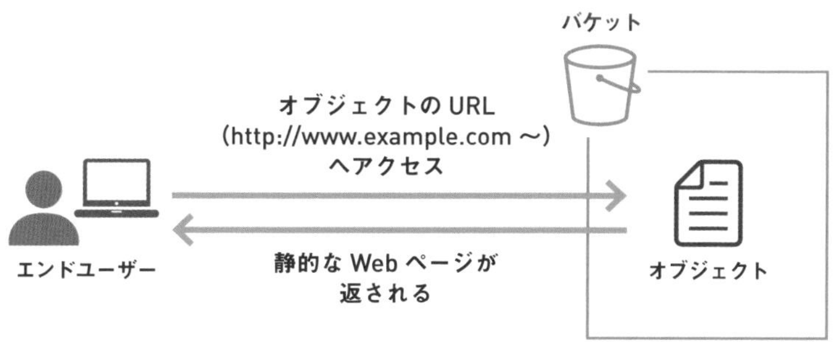

S3の静的Webサイトホスティング機能を使うとバケット内のオブジェクトをWebページとして公開できる

ちなみに、CloudFrontと連携すると、通信をHTTPS化することができます（P.118参照）。

Lesson 17 [Auto Scaling]

システムのパフォーマンスを維持する「Auto Scaling」

このレッスンのポイント

Auto Scalingは、システムの負荷状況に応じてEC2インスタンスの台数を増減できるサービスです。増減する方法にオプションがあり、設定の自由度が高いので、設定方法についても見ていきましょう。

Auto Scalingとは

利用状況に応じて、EC2インスタンスの数を自動的に増減するには、Auto Scalingを使います。たとえばECサイトの販促キャンペーンといった何らかのイベントがあるとき、Webシステムへのアクセスは増加します。Auto Scalingを使うと、アクセスが集中する際はインスタンスの数を増やし（スケールアウト）、夜間などアクセスが少ないときはインスタンス数を減らす（スケールイン）といった、インスタンス数の最適化が行われます（図表17-1）。Auto Scalingで需要にあわせたスケールイン・アウトを行うことは、P.013でも触れたように、機会損失の防止やコストの最適化につながります。

なお、Auto Scalingには、EC2のインスタンスを増減する「Amazon EC2 Auto Scaling」と、EC2以外のリソースのスケーリングを行う「Application Auto Scaling」がありますが、本書では「Amazon EC2 Auto Scaling」について解説します。

▶ Auto Scalingによるインスタンス数の増減 図表17-1

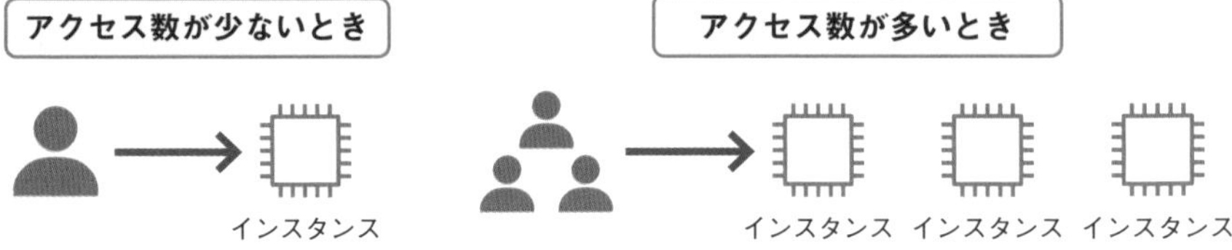

アクセス数が多くなるとそれにあわせてインスタンス数を増やす

○ サンプル構成におけるAuto Scalingの役割

サンプル構成（図表17-2）でもAuto Scalingを使うことで、アクセス負荷にあわせたインスタンスの増減を行っています。つまりAuto Scalingは、Webサーバーとアプリケーションサーバーの可用性と拡張性を向上させる役割を担っているのです。

▶ サンプル構成におけるAuto Scaling 図表17-2

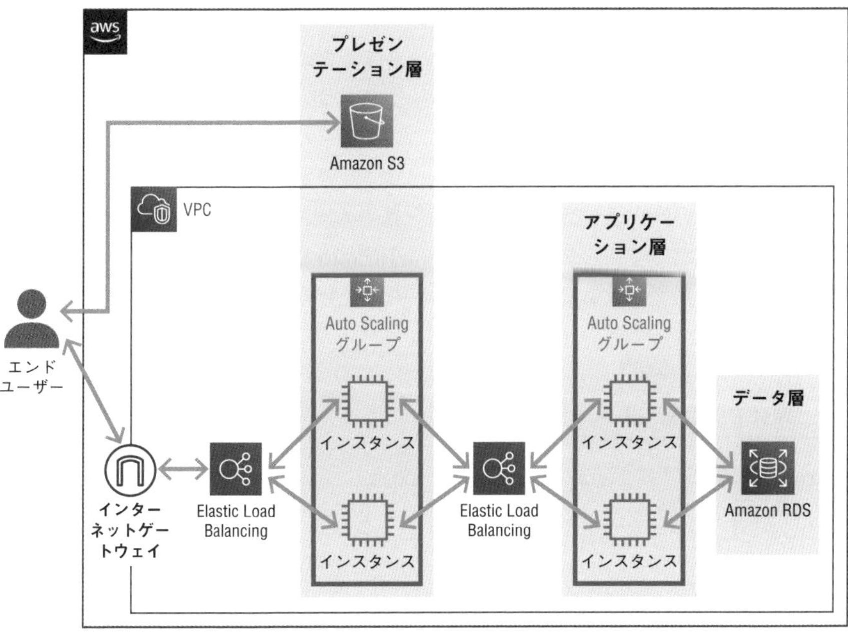

インスタンス数を自動で増減してシステムの可用性を高める

Auto Scaling は、アプリケーションの負荷に合わせてインスタンスを増減することができ、システムのスケーラビリティを向上できます。

インスタンス数の設定例とスケーリングのしくみ

Auto Scalingでは、インスタンス数の最小値、最大値、希望する容量を設定することができます。最小値、最大値、希望する容量をたとえば、それぞれ2、5、3に設定した場合、インスタンスは2〜5台の範囲で起動します（図表17-3）。また、以降で説明する「スケーリングポリシー」や、スケジュールされたアクションが適用されていない限り、インスタンスの合計台数は3台になるよう起動します。

インスタンス数の最小値と最大値を同じ値にすると、固定のインスタンス数でシステムの稼働を継続させることができます。たとえば、最小値と最大値を2に設定した状態で、1つのインスタンスに障害が起きた場合について考えてみましょう。

各インスタンスの状態は、「ヘルスチェック」という機能でELBまたはAuto Scalingによって監視されています。このヘルスチェックにより、障害が生じたインスタンスは切り離され、新たなインスタンスが起動されて、合計台数が2で保持されるような挙動になります（図表17-4）。これは、インスタンスが減ることによる負荷の増加を未然に防ぐことができ、耐障害性を上げる方法の1つです。

▶ 台数の設定 図表17-3

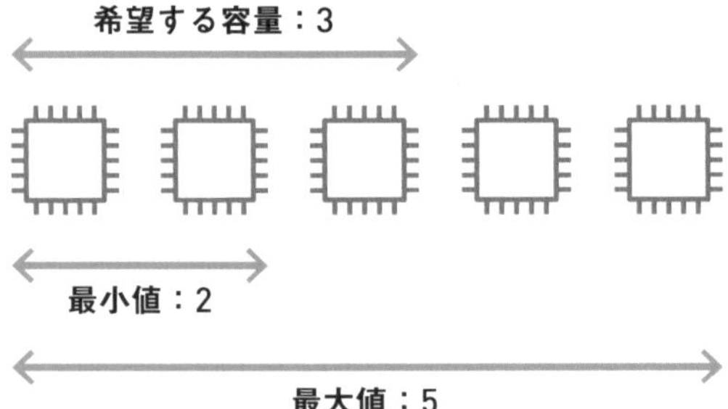

Auto Scalingを使う際は、最小値、最大値、希望する容量を指定する

▶ 障害が発生したインスタンスの切り離し 図表17-4

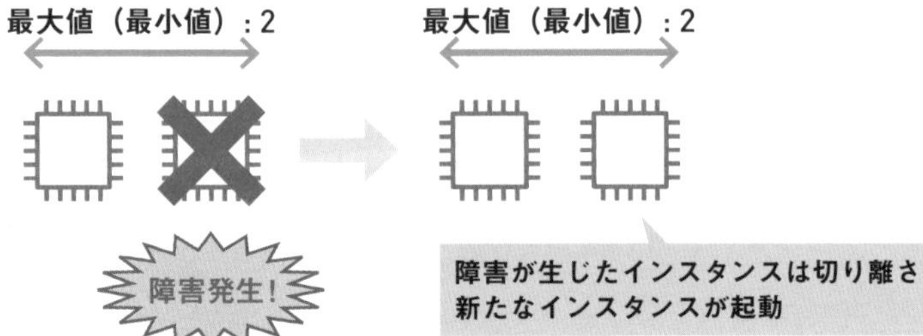

最小値と最大値が同じ場合（この図では「2」）は、常に2台立ち上がった状態を保とうとする

Auto Scalingを使用するための設定

ここまででインスタンスのスケーリングの大まかな挙動について紹介したので、ここからは、Auto Scalingを使用するための基本的な設定について紹介しましょう（図表17-5）。

▶ Auto Scalingの主な設定項目 図表17-5

設定項目	概要
Auto Scalingグループ	起動されるインスタンスの配置場所と台数の設定
起動テンプレート	Auto Scalingで自動的に起動されるインスタンスの詳細の設定
スケーリングポリシー	スケーリングの方法の設定

Auto Scalingの設定項目。詳細は次ページで解説する

▶ Auto Scalingグループの作成画面 図表17-6

Auto Scalingを使うにはまずAuto Scalingグループを作成する。その際に起動テンプレートという項目も設定する

次ページからは主な設定項目である「Auto Scaling グループ」「起動テンプレート」「スケーリングポリシー」について、順番に解説していきます。

NEXT PAGE →

Auto Scalingグループ

Auto Scalingを使用するには、Auto Scalingグループを設定する必要があります。Auto Scalingグループでは、起動されるインスタンスの配置場所と台数について設定します。配置場所に関しては、VPCやサブネットを指定します。可用性を向上させるために、複数AZをまたぐような冗長的な配置も可能です。台数に関してはP.102で解説したように、最小値、最大値、希望する容量を設定します。

▶ Auto Scalingグループ 図表17-7

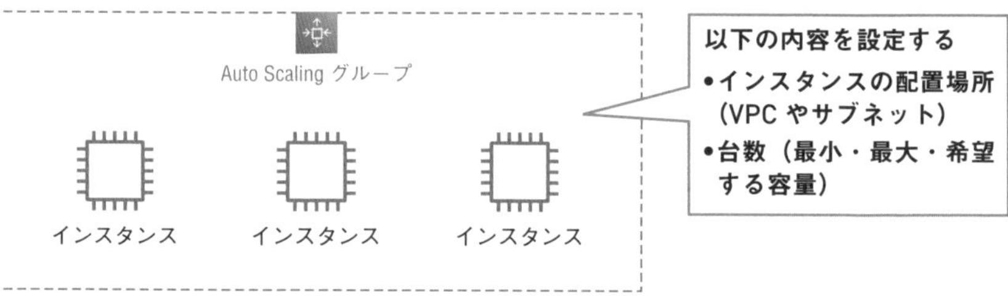

スケーリングするインスタンスを管理するのが「Auto Scalingグループ」

作成されるインスタンス群の設計書～起動テンプレート

Auto Scalingグループでは、起動されるインスタンスの場所と台数を設定しますが、Auto Scalingで自動的に起動されるインスタンスの詳細は、起動テンプレートによって設定します。起動テンプレートはインスタンスの設計書群のようなものであり、AMI、インスタンスタイプ、キーペア、セキュリティグループなど、インスタンスを起動するために必要な情報を設定します。起動テンプレートはバージョン管理が行えるので、本番環境や開発環境といった、用途に分けて管理できます。

起動テンプレートが登場する以前は、「起動設定」という機能が使われていました。「起動設定」にはAuto Scalingの最新の機能が反映されていない場合があるので、現在は、起動テンプレートの仕様が推奨されています。

スケーリングの方法には種類がある

ここまでAuto Scalingの基本的な挙動と用語について解説してきました。ここからはAuto Scalingのスケーリング方法の種類について紹介していきましょう。

スケーリングの方法のことを、スケーリングポリシーといいます。スケーリングポリシーは大きく4つに分かれており（図表17-8）、そのうちの1つである「動的なスケーリング」に関しては、さらに3つのポリシーに分かれています（図表17-9）。

▶ スケーリングポリシー 図表17-8

スケーリングポリシー	概要
手動スケーリング	利用者が設定変更することでインスタンスの数を変更する方法
スケジュールされたスケーリング	定義したスケジュールに基づいて自動的にスケーリングを行う方法
動的なスケーリング	インスタンス数が固定値ではなく、CPU使用率などのメトリクス（指標）をもとに決定される方法
予測スケーリング	過去のメトリクスをもとに、今後の需要を予測してスケーリングする方法

▶「動的なスケーリング」の種類 図表17-9

「動的なスケーリング」のポリシー	概要
シンプルスケーリング	「CPU使用率が80%を超えたらインスタンスを1つ作成」のように、1つのメトリクスに対して1つのしきい値を設定する方法。クールダウン（P.106参照）を利用できる
ステップスケーリング	1つのメトリクスに対して複数のしきい値を設定する方法。CPU使用率が80%を超えた場合には1台追加、90%を超えた場合には2台追加といったように段階的に設定できる。ウォームアップ（P.107参照）を利用可能
ターゲット追跡スケーリング	1つのメトリクスに対して希望する値（ターゲット値）を設定する方法。たとえば、ターゲット値にCPU使用率50%と設定すると、Auto ScalingグループでCPU使用率が50%になるように自動的にインスタンス数が調整される。ウォームアップ（P.107参照）を利用可能

「動的なスケーリング」の課題に対応する方法①

先ほど解説した動的なスケーリングでは、メトリクスの値をもとにインスタンスの起動と削除を行います。しかし、あるケースでは必要以上のインスタンスの起動や削除がされるといった、意図しない挙動をすることがあります。たとえば、インスタンスの起動に要する時間よりも短時間で、メトリクスがしきい値を超えたり下がったりするようなケースです。しきい値を超えたためにEC2を作成している間に、再びしきい値を超えてしまうと、希望する台数よりも多く作成されてしまいます。このような、意図しない台数のインスタンスが起動・削除されるという課題に対する解決策として、クールダウンとウォームアップという機能があります。

クールダウンは、Auto Scalingでインスタンスを作成し始めたら、指定した時間内はインスタンスの台数を減少または増加させないようにする設定です（図表17-10）。

▶ クールダウン 図表17-10

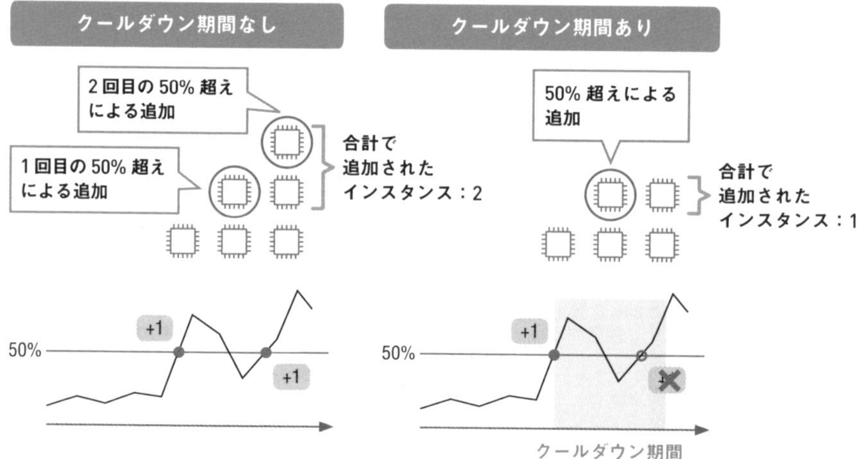

クールダウンによって、急速な変化に対するインスタンス数の過度な増減を抑えられる

クールダウンもウォームアップも、メトリクスの急な変化に対して希望する数のインスタンスを起動するための機能です。

○「動的なスケーリング」の課題に対応する方法②

クールダウンに対してウォームアップという設定は、複数のしきい値がある場合に1つ目のしきい値に達してインスタンスを作成し始めてから、指定した時間内に別のしきい値に達した場合に、差分のインスタンスを作成するためのものです。

たとえば「ステップスケーリング」で、CPU使用率50%を超えたらインスタンスを基準値に対して1つ増加、CPU使用率80%を超えたらインスタンスを基準値に対して2つ作成する設定を考えてみましょう。図表17-11の時間変化するCPU使用率のケースは、2つのしきい値をまたいでしまうような変化が短時間で生じていること、そしてその短時間の間でインスタンスが起動できていない状態を表しています。50%のしきい値を超えたタイミングで、安定的な状態であった1台（基準値）に対して1台増やします。このあとすぐに80%のしきい値を超えてしまうと、2台プラスする挙動になり、合計4台のインスタンスが起動されてしまいます。本来であれば、80%を超えた際には基準値（1台）に対して+2の設定をしているので、合計3台のインスタンスが起動している状態になってほしいところです。

ウォームアップが設定されている場合、50%で1台追加、80%で2台追加という2種類の操作で差分を計算してスケーリングに適用します。今回の例では、合計3台追加されてしまうと意図する台数よりも1台分多いので、ウォームアップの機能を有効にすることで対応できます。

▶ ウォームアップ 図表17-11

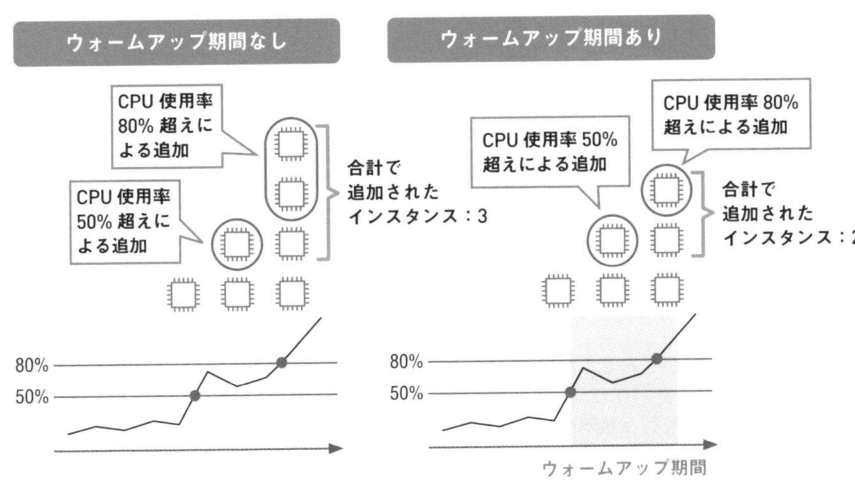

.ウォームアップは、複数のしきい値を短時間でまたぐような変化に対して有効な方法

Lesson 18 [AWS IAM]

認証と認可を担う「AWS IAM」

このレッスンのポイント

ここからは、サンプル構成には登場しなかったその他の基本サービスについて紹介します。まずは認証認可の機能を提供するサービスである、AWS Identity and Access Management（IAM）です。

AWSの認証と認可を担う「IAM」

AWSリソースに対する認証と認可を設定するサービスを、AWS Identity and Access Management（IAM：アイアム）といいます。そもそも認証とは、ログインしようとする対象がユーザー本人かどうかを判断する機能です。そして認可は、AWSのリソースなど操作したい対象に対して、読み取りや書き込みなどの操作権限を設定できる機能です。

AWSを使うには各種リソースへの権限が必要なので、IAMを使って権限を管理します。なお、人（ユーザー）が操作する際の権限だけでなく、AWSリソースがAWSリソースに対して操作を行う際にも、IAMの設定が必要です（図表18-1）。

▶ 認証と認可を管理するIAM 図表18-1

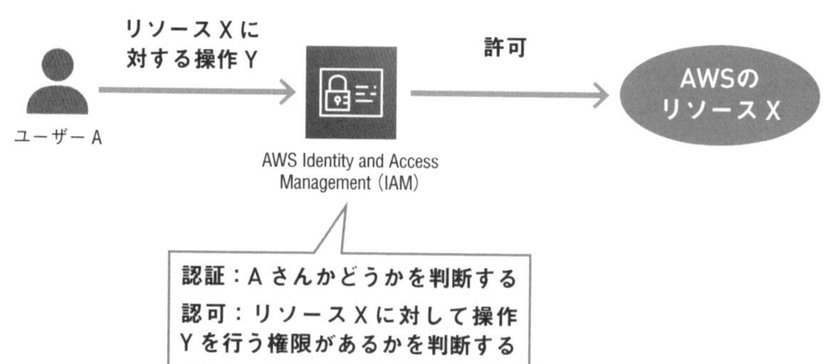

IAMは認証と認可を担うAWSサービス

IAMで大切な4つの機能

IAMには主に、IAMユーザー、IAMグループ、IAMポリシー、IAMロールという4つの機能があります。まずは概要を押さえるために、それらの関係性についてみていきましょう（図表18-2）。

IAMユーザーは、AWSリソースに対して何かしらの操作を行う主体です。IAMユーザーは、IAMユーザーをまとめる機能であるIAMグループに所属できます。

IAMユーザーやIAMグループは、AWSリソースに対して操作を行う実体ですが、それだけでは「どのような操作を行うか」が設定できません。この認証の機能について設定するのが、IAMポリシーです。

IAMポリシーは、AWSリソースに対して許可または拒否する操作を設定でき、IAMユーザー、IAMグループ、IAMロールにアタッチできます。IAMロールはIAMポリシーをまとめたものです。このIAMロールを、IAMユーザーやIAMグループにアタッチすると、操作を行う実体が「どのような操作を行うか」をまとめて設定できます。

▶ IAMユーザー、IAMグループ、IAMポリシー、IAMロールの関係 図表18-2

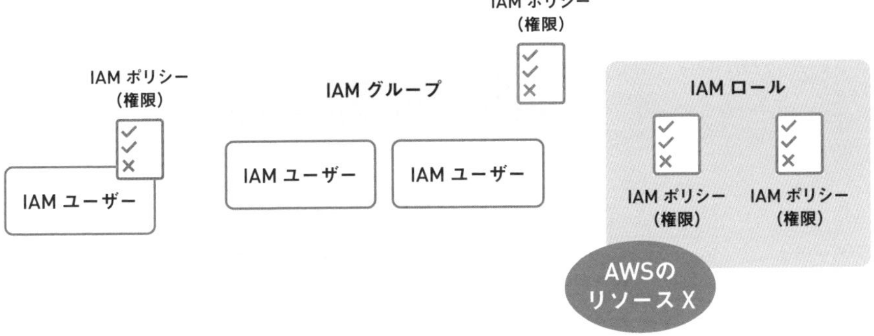

IAMユーザーとIAMグループにはIAMポリシーを直接アタッチできる。AWSリソースには、IAMポリシーをまとめたIAMロールをアタッチできる

AWS のサービスを操作する実体が、人（ユーザー）ではなく AWS リソースの場合は、AWS リソースに IAM ポリシーではなく、IAM ロールをアタッチします。

IAMユーザーを作成する方法

P.042でも紹介したように、AWSにログインするためのユーザーの作成は、IAMで行います。IAMユーザーを作成する際は、「AWS認証情報タイプ」と「アクセス権限」に関する設定を行います。

「AWS認証情報タイプ」では、アクセスキーIDとシークレットアクセスキーによるアクセスと、パスワードによるアクセスを許可するかを設定します（図表18-3）。IAMユーザーがマネジメントコンソールを利用できるようにしたい場合は、パスワードによるアクセスを許可する必要があります。

アクセス権限は、「ユーザーをグループに追加」「アクセス権限を既存のユーザーからコピー」「既存のポリシーを直接アタッチ」の3つのオプションを選択できます（図表18-4）。残りの作成ステップは、IAMユーザーに付与できるタグの設定や作成前の確認ステップです。

▶ IAMユーザーの作成画面（AWS認証情報タイプ） 図表18-3

ユーザー詳細の設定

同じアクセスの種類とアクセス権限を使用して複数のユーザーを一度に追加できます。詳細はこちら

ユーザー名* sabataro

別のユーザーの追加

AWS アクセスの種類を選択

これらのユーザーが主に AWS にアクセスする方法を選択します。プログラムによるアクセスのみを選択しても、ユーザーは引き受けたロールを使用してコンソールにアクセスすることはできます。アクセスキーと自動生成されたパスワードは、最後のステップで提供されます。詳細はこちら

AWS 認証情報タイプを選択* ✓ アクセスキー - プログラムによるアクセス
AWS API、CLI、SDK などの開発ツールの アクセスキー ID と シークレットアクセスキー を有効にします。

✓ パスワード - AWS マネジメントコンソールへのアクセス
ユーザーに AWS マネジメントコンソールへのサインインを許可するための パスワード を有効にします。

アクセスキーによるアクセスと、パスワードによるアクセスを許可するかを設定する

▶ IAMユーザーの作成画面（アクセス権限） 図表18-4

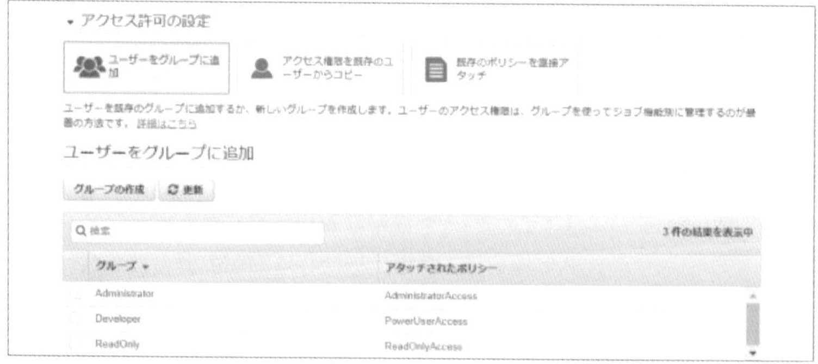

アクセス権限の設定では、3つのオプションから選択可能

IAMユーザーを管理するのが「IAMグループ」

IAMグループは、IAMユーザーを効率的に管理するための機能です。たとえば開発部門にリソースの作成権限、監査部門にリソースの閲覧権限を付与したい場合を考えましょう。これは、開発部門のIAMグループと監査部門のIAMグループを作成して、それぞれに作成権限のIAMポリシー、閲覧権限のIAMポリシーを付与することで実現できます（図表18-5）。

IAMポリシーはIAMグループに対して適用できるため、IAMグループを作成するとIAMユーザーごとにポリシーを関連付ける必要がなくなるというメリットがあります。

▶ IAMユーザーとIAMグループ 図表18-5

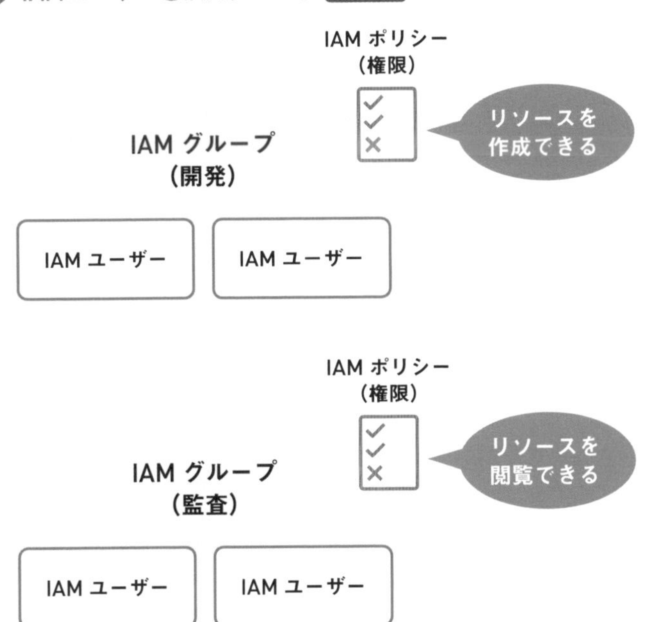

IAMグループごとに異なる権限を付与できる

チームで開発する際は、チームの開発者全員にIAMユーザーを作成する場合があります。誤削除などのミスを防ぐためには、担当領域を加味して「最小範囲で権限を付与すること」が重要です。

行える操作を制御するのが「IAMポリシー」

AWSリソースへの認可の設定を行えるのが、IAMポリシーです。IAMポリシーはJSON形式で 図表18-6 のように記述します。この例は「S3のバケット名がichiyasa-bucketの中のデータの一覧表示の許可」が付与されることを意味しています。各設定項目については 図表18-7 を確認しましょう。

▶ IAMポリシーの例 図表18-6

```
{
"Version": "2012-10-17",
"Statement": {
  "Sid": "AllowS3List",
  "Effect": "Allow", ··············後述のActionを「許可」
  "Action": "s3:ListBucket", ····データの一覧表示
  "Resource": "arn:aws:s3:::ichiyasa-bucket"
}                         ········S3の「ichiyasa-bucket」
}
```

▶ IAMポリシーの設定項目 図表18-7

項目	概要
Version	ポリシーの構文のルールをバージョンで指定する。基本的には現行のバージョンである"2012-10-17"を記述する
Statement	本項目に続けて記述する権限付与に関する設定をまとめる
Sid	利用者が任意で記述可能。一般的にポリシーの内容を説明するような文字列が設定される
Effect	Actionを許可する（"Allow"）または拒否する（"Deny"）を記述する
Action	リソースに対する操作の種類を記述する
Resource	Actionに記述した操作が、どのAWSリソースに対する操作なのかを記述する

IAMポリシーでは「許可・拒否」「操作」「対象」などを指定する

IAMポリシーには種類がある

もうすこしIAMポリシーについて掘り下げていきましょう。IAMポリシーにはアイデンティティに付与されるポリシーと、リソースに付与されるポリシーがあり、それぞれアイデンティティベースのポリシー、リソースベースのポリシーと呼ばれます。

P.112で紹介した例は、アイデンティティベースのポリシーです。アイデンティティベースのポリシーは、次の3種類のポリシーに分類されるので、紹介しておきましょう（図表18-8）。

なお、リソースベースのポリシーの場合は、P.112のJSONファイルの「Statement」内に、「Principal」というセクションを新たに記述する必要があります。「Principal」には、リソースにアクセスしようとする主体、つまりアイデンティティを記述します。

▶ アイデンティティベースのポリシーの種類 図表18-8

項目	概要
AWS管理ポリシー	AWSがすでに用意しているIAMポリシー。各サービスに対する一般的な操作の権限が定義されている
カスタマー管理ポリシー	利用者が作成および管理するIAMポリシー。利用者が必要最低限のポリシーを設定する場合に活用できる
インラインポリシー	IAMユーザー、IAMグループ、IAMロールに直接埋め込まれるポリシー。ほかの2つのポリシーのように、ほかのIAMユーザーに同様のポリシーを付与するなど、ポリシーの再利用はできない

アイデンティティポリシーにも種類がある

ワンポイント IAMポリシーの使い分け

AWSのベストプラクティスでは「アクセス権限は最小の範囲にとどめるべき」とされています。カスタマー管理ポリシーまたはインラインポリシーを利用することで、ユーザー側で権限範囲を最小限に設定できます。ただし、ポリシーが複数の対象に適用される可能性がある場合は、AWS管理ポリシーまたはカスタマー管理ポリシーの使用が推奨されています。

IAMポリシーを束ねるのが「IAMロール」

IAMロールは複数のIAMポリシーをまとめられる機能です。AWSがデフォルトで用意しているポリシー（AWS管理ポリシー）や利用者が作成したポリシー（カスタマー管理ポリシー）を、合計20個までまとめられます。ポリシーをまとめるという点ではIAMグループと似ていますが、大きな違いは、人（ユーザー）ではなくAWSリソースに適用されるという点です。EC2インスタンスがAWSのリソースを操作したい場合について考えてみましょう。まずは、必要な権限をまとめたIAMロールを作成します。そして、マネジメントコンソールからEC2の設定画面を表示したら、インスタンスプロファイルを設定する項目で、作成したIAMロールを指定します。そうすると、EC2インスタンスにAWSリソースに対する特定の操作権限を付与できます（図表18-9）。

▶ IAMロール 図表18-9

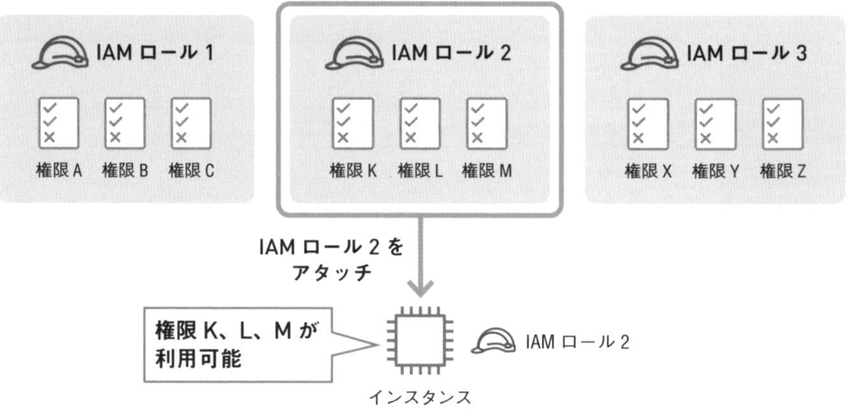

IAMポリシーを束ねたIAMロールをリソースにアタッチする

権限が適切に設定されていないとしばしば「Access Denied（アクセス拒否）」エラーが生じます。たとえば、EC2 インスタンスから、S3 や RDS などのリソースに対して読み込み・書き込み操作を行った際に、「Access Denied」エラーが生じることがあります。この場合はアクセス先のリソースの権限設定と、インスタンスにアタッチする IAM ロールの権限設定を確認してみましょう。

Lesson 19 [Amazon CloudFront]

コンテンツを高速配信する「Amazon CloudFront」

このレッスンのポイント

CloudFrontは、Webコンテンツを高速で配信するためのサービスです。日本国内だけではなく、グローバルに展開したいWebシステムでは特に欠かせないサービスなので、紹介していきましょう。

CloudFrontとは

Amazon CloudFront（以降、CloudFront）は、Contents Delivery Network（CDN）を提供する、リージョンに依存しないグローバルなサービスです。CDNとは、エンドユーザーがWebコンテンツ（画像、動画、HTML、CSS、JavaScriptなど）に高速にアクセスできるよう、エンドユーザーに近い場所でコンテンツを配信するためのしくみです。エンドユーザーに近い場所でコンテンツを配信するサーバーをキャッシュサーバー、コンテンツを配置するおおもとのサーバーをオリジンサーバーといいます。エンドユーザーは、オリジンサーバーではなく距離が近いキャッシュサーバーにアクセスすることで、高速にコンテンツを取得できます（図表19-1）。

▶ CDNによるコンテンツの高速配信 図表19-1

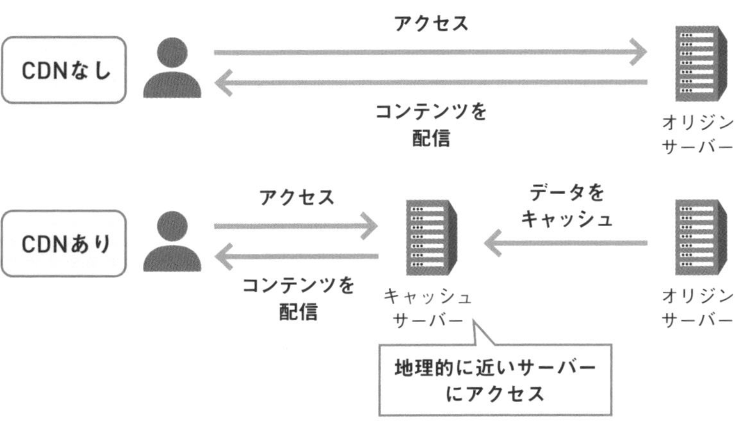

CDNによって高速なコンテンツ配信が実現できる

CloudFrontが担う役割

サンプル構成でCloudFrontを使用する場合、図表19-2のようになります。

CloudFrontでは、頻繁に更新される可能性が低いコンテンツをキャッシュして、代理配信を行います。これにより、ネットワーク遅延やサーバー負荷を軽減できます。

▶ CloudFrontを使った構成例 図表19-2

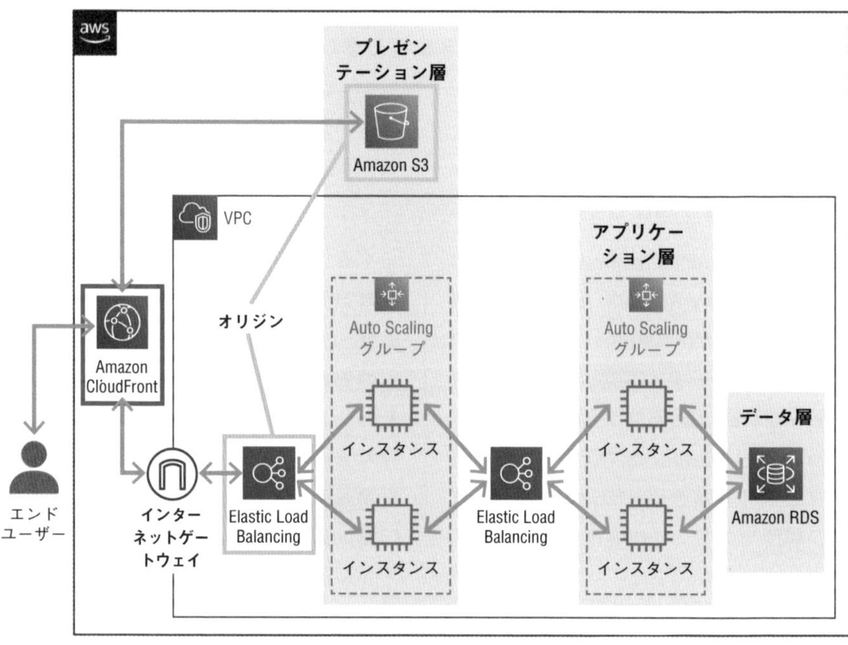

エンドユーザーがコンテンツを高速に取得できる

CloudFront は、自動的にリクエストの数を検出してスケーラビリティを確保することができたり、AWS の多数のサービスと統合できたりといった特徴があります。

CloudFrontの用語

CloudFrontの理解に欠かせない用語がいくつかあるので、まずはその用語についてまとめておきましょう（図表19-3）。特に重要なのがエッジロケーションで、クライアントの位置に近い場所で応答できるよう、リージョンとは別に世界中に設置されたAWS のデータセンターのことです。

CloudFrontに関する主な用語 図表19-3

項目	概要
エッジロケーション	低レイテンシーでレスポンスを提供するためのデータセンター。クライアントからのリクエストは、地理的に近いエッジロケーションから応答されるため、低レイテンシーな応答が実現可能
オリジン	CloudFrontの背後に位置するAWSリソースまたはサービス。コンテンツの配信元はS3やEC2の場合もあれば、ELB（ALB）の場合もある
ディストリビューション	CloudFrontの全体的な設定をまとめたもの。ディストリビューションを作成すると「cloudfront.net」を末尾に持つドメインが発行される。独自ドメインの設定も可能
ビヘイビア	キャッシュにおけるルールの設定。キャッシュするコンテンツを、パスを指定して選択できる（パスパターン）

エッジロケーション 図表19-4

AWSでは世界中にエッジロケーションが配置されている

ちなみに、エッジロケーションから提供されるAWS サービスはCloudFront 以外にも、Route 53 や AWS WAF、AWS Shield、Lambda@Edge、Amazon API Gateway などがあります。

最適なエッジロケーションが選ばれるしくみ

クライアントにとって最適なエッジロケーションは、CloudFrontによって自動的に決定されます（図表19-5）。CloudFrontでは、位置情報データベースと紐づけられたDNSを管理しています。これにより、クライアントからのアクセスを、クライアントの位置（IPアドレス）から一番近いエッジロケーションに割り振るよう、名前解決が行われます。

▶ エッジロケーションの選択のしくみ 図表19-5

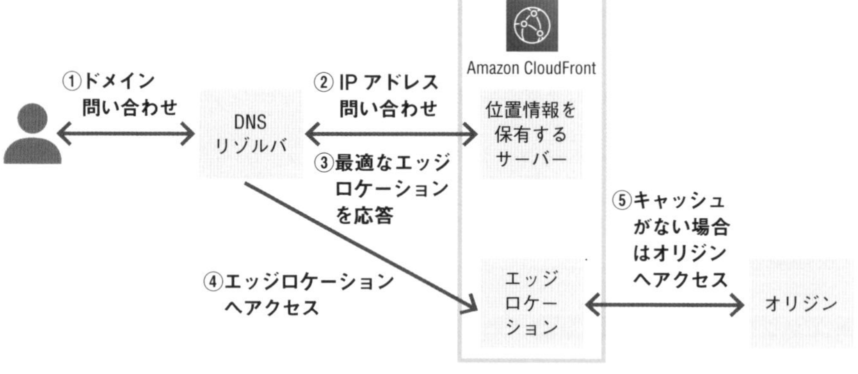

CloudFrontでは、最適なエッジロケーションが自動で選択される

通信の暗号化も可能

個人情報などを扱うシステムの場合は、HTTPS通信を有効化して、データを保護するしくみの導入が必須といえます。また、そのような秘匿情報を扱わないWebサイトの場合でも、Webサイトの信ぴょう性の観点から、現在では多くのシステムやアプリケーションでHTTPSによるコンテンツ配信が整備されています。CloudFrontでは、SSL/TLS証明書を設定して、HTTPS通信を実現できます。証明書には、サーバー証明書を管理するAWSサービスであるAWS Certificate Manager（ACM）や、サードパーティーの認証機関が発行したものを使用します。

またこの機能は、S3の静的Webサイトホスティング（P.099参照）を利用した静的Webサイトに対しても活用できます。S3単体ではHTTPS通信を行う機能がないため、CloudFrontと連携するとセキュアなWebコンテンツ配信が可能になります。

Lesson [Amazon Route 53]

20 独自機能を備えたDNS「Amazon Route 53」

このレッスンのポイント

Route 53はエンドユーザーのアクセスを、適切なサーバーの位置に誘導するDNSサービスです。配信するコンテンツに独自ドメインを設定したい場合などに活用できるサービスなので、その基本について紹介しましょう。

Route 53とは

Amazon Route 53（以降、Route 53）は、Domain Name System（DNS）を提供するマネージドサービスです。DNSとは、Webサイトのリクエスト先を指定する「host.example.com」といった文字列（FQDN）をIPアドレスに変換する、名前解決を行うサービスのことです。Route 53は一般的なDNSの機能に加えて独自の機能を提供しており、ほかのAWSサービスとの連携が円滑に行えます。

図表20-2 は、エンドユーザーがWebページを表示するまでの名前解決の流れです。エンドユーザーは、まず「フルサービスリゾルバ」と呼ばれる名前解決を行うサーバーにアクセスします。IPアドレスを知りたいFQDNが、すでにアクセスしたことがある場合など、キャッシュが存在する場合はここで名前解決が完了します。ここで名前解決が完了しない場合は、FQDNのIPアドレスを管理しているサーバーである権威DNSサーバーにアクセスします。権威DNSサーバーはFQDNのドットで区切られたブロックごとに階層化されており、目的のIPアドレスがわかるDNSサーバーまで問い合わせを継続します。FQDNに対応するIPアドレスを知るサーバーからIPアドレスを取得し、それをもとにWebサーバーにアクセスします。

▶ Route 53に関する主な設定 図表20-1

項目	概要
ホストゾーン	特定のドメインに対する通信のルーティング情報など、DNS情報がまとめられる
レコード	特定のドメインに対する通信のルーティング情報。目的に応じて複数あるレコードタイプから選択する
ルーティングポリシー	名前解決の際の応答方法に関するオプション

Route 53の主な設定項目。詳細は後述する

NEXT PAGE →

▶ 名前解決のしくみ 図表20-2

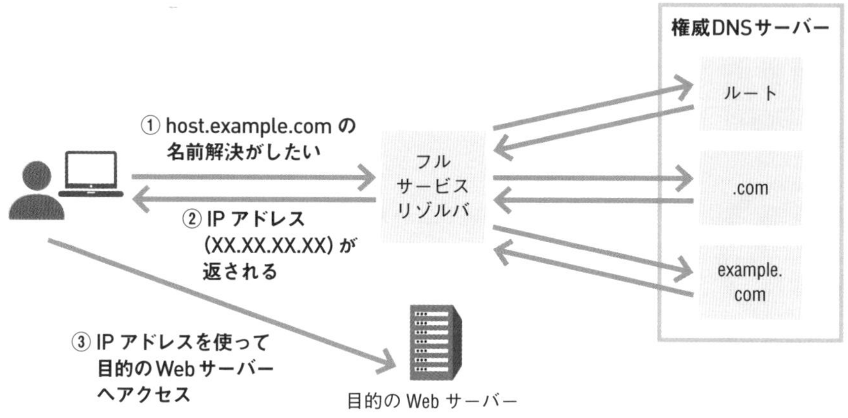

Route 53は名前解決の機能も提供する

○ Route 53の設定① ホストゾーン

Route 53で権威DNSサーバーを作成するには、ホストゾーンを作成する必要があります。ホストゾーンには、パブリックとプライベートの2種類のゾーンがあります。パブリックホストゾーンの場合はインターネットからのアクセスが可能になりますが、プライベートホストゾーンの場合はVPCからのみアクセスが可能で、外部公開されません。

○ Route 53の設定② レコード

DNSにおいて、FQDNとIPアドレスの対応づけをまとめた設定のことをレコードといいます。複数のレコードが設定されている場合、それらはまとめてレコードセットと呼びます。

Route 53で用いられる主要レコードは 図表20-3 のとおりです。なお、CNAMEレコードとAliasレコードは似ていますが、名前解決の効率が異なります。

CNAME では名前解決までに大きく 2 ステップ要しますが、Alias レコードを設定した場合は 1 ステップで対象の IP アドレスを得られるため、積極的に活用しましょう。

▶ Route 53の主要レコード 図表20-3

レコード	概要
Aレコード	FQDNとIPv4アドレスを対応付ける。たとえばhost.example.comに192.0.2.0を対応付けて、host.example.comを名前解決すると192.0.2.0が返ってくる
AAAAレコード	FQDNとIPv6アドレスを対応付ける
CNAMEレコード	FQDNに付ける別名のこと。ルーティング先をhost.example.comとしてhost2.example.comという値を設定する場合、host2.example.comを名前解決するとAレコードで設定されているIPアドレス192.0.2.0が返ってくる
Aliasレコード	Route 53独自のレコード。FQDNとAWSサービスのDNS名を対応付けられる
NSレコード	他の権威DNSサーバーの場所が記される
SOAレコード	権威DNSサーバーが保有するゾーン情報が記される
PTRレコード	IPアドレスとドメイン名を対応付ける。Aレコードと対応付けが逆方向

○ Route 53の設定③ ルーティングポリシー

名前解決のルールをより詳細に設定するには、ルーティングポリシー機能を使います。ここでは代表的な、シンプルルーティング、加重ルーティング、レイテンシーベースルーティング、フェイルオーバールーティングについて紹介します（図表20-4）。

▶ ルーティングポリシーの種類 図表20-4

ルーティングポリシー	概要
シンプルルーティング	FQDNに紐づくIPアドレスが静的に名前解決される
加重ルーティング	www.example.comに対応するIPアドレスを複数設定し、重みを付けて割り当てる。1つは90%、もう1つは10%のように設定でき、アクセスを割り振ることができる
レイテンシベースルーティング	複数リージョンで構成されるシステムにおいて、クライアントからのレイテンシーが最小となるリージョンに自動的にルーティングされる
フェイルオーバールーティング	プライマリ（通常時の稼働先）とセカンダリ（障害時の稼働先）を設定できる。Route 53のヘルスチェックに基づき、正常なルーティング先に割り振られる

Route 53を使用して、ドメイン名に対応するIPアドレスや別のDNSサーバーのアドレスなどの情報を簡単に設定できます。また、Route 53は、高度なルーティングポリシーを提供し、さまざまなルールのルーティングを実現します。Route 53を利用することで、安全で信頼性の高い名前解決サービスを実現できます。

COLUMN

AWSを活用するまでのステップ

本書の筆者である中村と近藤は、株式会社サーバーワークスの中でもお客様のトレーニングや内製化支援を行う部署に勤務しており、お客様の企業がAWSはもとよりITをどうやって活用するかのサポートをしています。その中でも、第5章で紹介するアジャイル開発とクラウドの組み合わせによって、お客様が主体となったデジタル化ができると伝えています。それについて、「AWSを活用するには何から始めればよいか？」という質問をよくいただきます。AWSでは200以上のサービスが提供されているので、それらをすべて理解して扱うことを目指すと、ハードルが高すぎて挫折してしまうでしょう。そのため 図表20-5 のステップでAWSを習得することをおすすめしています。ステップ①は、まさに本書のことですね。本書でAWSの全体像を把握・基礎知識をインプットしたら、ステップ②である、気になったサービスを実際に触っていくのがAWS活用の近道です。ハンズオンについては、AWSの公式サイトでも初心者向けのものが公開されているので、参考にしてみましょう。

▶ AWSを習得するための3ステップ 図表20-5

①全体像の把握・基礎知識の習得
②サービスごとのチュートリアルやハンズオンの実施による使い方の概要把握や使用感の確認
③使用感や概要を理解した上で AWS を活用する

▶ AWS初心者向けハンズオン 図表20-6

https://aws.amazon.com/jp/events/aws-event-resource/hands-on/

Chapter

3

サーバーレスサービスで運用コストを抑えよう

サーバーレスな構成を採用することによって、開発者はアプリケーション開発そのものに集中できるようになります。ここではサーバーレス構成に代表されるサービスについて学びましょう。

Lesson 21 [サーバーレス]

運用負荷を削減できる「サーバーレス」

このレッスンのポイント

サーバーレスサービスは、運用負荷を軽減できることもあって、近年導入が増えているサービス形式です。そもそもサーバーレスとは何かという点から学んでいきましょう。

サーバーレスとは

サーバーレスとは、開発者がサーバーを意識することなく利用できる、クラウドのサービス形式の1つです。サーバーレスは近年とても利用が増えており、AWSでもサーバーレスサービスが充実しています。まずはサーバーレスの必要性を理解するためにも、サーバーの運用における課題について見ていきましょう。

システムを安定稼働させるには、サーバー運用について考えるべき重要な課題がいくつかあります（図表21-1）。またこのような課題は、サービスの価値提供に直結しない運用コストでもあります。

▶ 従来の運用での課題 図表21-1

課題	概要
メンテナンスコスト	OSのパッチ適用やサーバー再起動など、本番環境に対する作業には十分な検証を要する場合があり、コストがかかる
スケーリングの設計	メディアに取り上げられた際など、サービスを支えるインフラが、高アクセス負荷に対応できる構成が必要になる
可用性の確保	災害やデータセンターでの設備不良等に起因する障害に備え、稼働を続けられるインフラ構成を整えておく必要がある

サーバーレスの導入により運用負荷が軽減できる

そこで、開発者がサービスの価値提供そのものに集中できるように、AWSがサーバーのメンテナンスや冗長構成について責任を負うサービスが提供されるようになりました。そのようなサービスカテゴリーは「サーバーレス」と呼ばれます。

図表21-2は、コンピューティングサービスであるEC2と、サーバーレスサービスであるAWS Lambdaにおける、利用者の管理範囲を表しています。EC2を使用する場合は、ミドルウェアのインストールやOSのパッチ適用は利用者が行います。プログラムを実行するためのランタイムも、利用者がインストールする必要があります。一方AWS Lambdaを使用する場合、利用者はOSやランタイムを含むその他ミドルウェアの管理を行う必要がありません。また、アクセス負荷に応じた自動スケーリングなどによる冗長性や可用性の確保もAWSが担います。そのため利用者の運用負荷は大幅に減り、プログラムの開発そのものに専念できます。

本章では、サーバーレスアーキテクチャに採用される代表的なサービスを「サーバーレスサービス」と呼ぶことにします。

▶ IaaSとサーバーレスにおける利用者の責任範囲 図表21-2

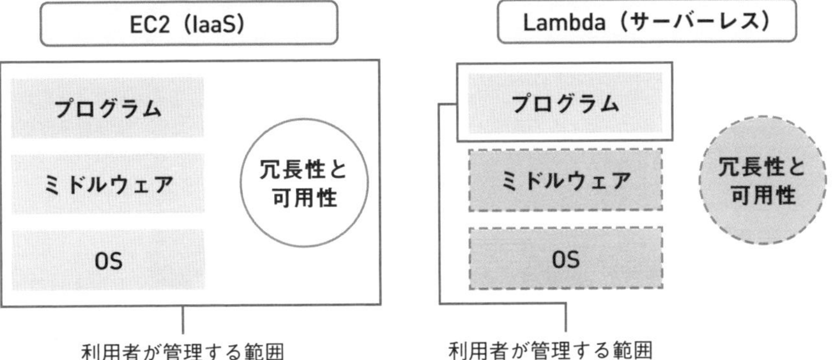

IaaSの場合はOSやミドルウェア、冗長性と可用性も利用者が管理する必要があるが、サーバーレスならプログラムのみ管理すればよい

サーバーレスという言葉は、サーバーの「管理」レスと言葉を補ったほうが本来の意味に近いといえます。サーバーレスといっても処理を行うサーバーはAWSの管理下で稼働するので、サーバーが存在しないということではありません。サーバーレスとは、あくまで利用者が「サーバーを管理しなくてよい」という意味です。

サーバーレスが持つさまざまなメリット

サーバーレスサービスには、大きく「インフラのプロビジョニングが不要」「自動スケール」「高可用性」「コスト削減」という4つのメリットがあります。図表21-3で具体的なメリットを確認しましょう。

▶ サーバーレスのメリット 図表21-3

インフラのプロビジョニングが不要

AWS側が低レイヤーの領域の責任を担うため、インフラのプロビジョニング（準備）に関して意識しなくてよい

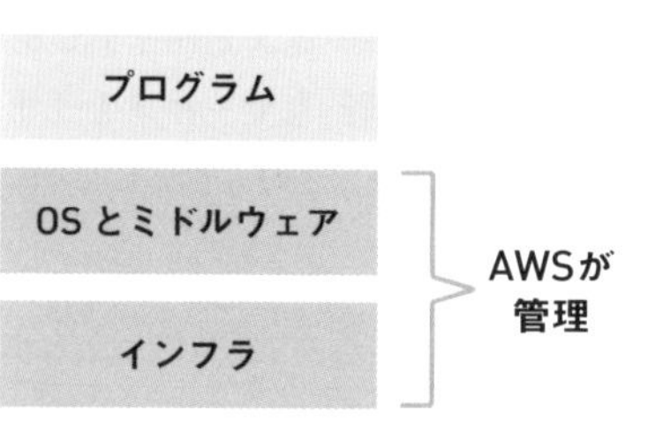

自動スケール

ユーザーはサービスのスペックを設定するのみ。スケーリング（拡張性）に関して意識しなくてよい

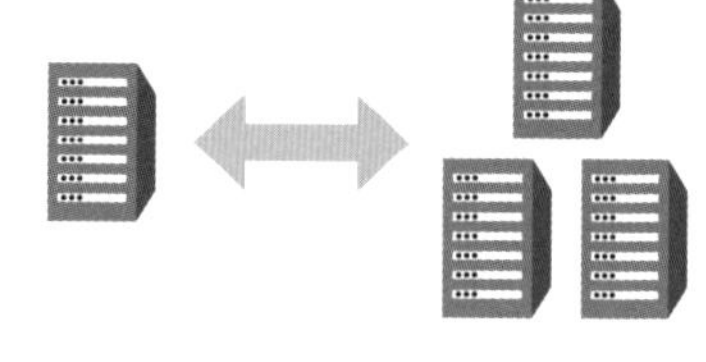

高可用性

可用性についてAWSが一定の責任を持つ。可用性のレベルに関しては、各サービスのSLA（サービス品質保証）から確認できる

コスト削減

プログラムの実行単位に焦点が当てられた料金体系になっている。そのため、常時稼働が必要ないアプリケーションなどをサーバーレス化すると料金を削減できる可能性がある

サーバーレスには自動スケールや高可用性といったメリットがある

上記のようなメリットがあるため、サーバーレス構成を採用するシステムは近年増加傾向にあります。

サーバーレスには課題がある

サーバーレスにはさまざまなメリットがありますが、常にサーバーレスサービスを使えばよいというわけではありません。サーバーレスには 図表21-4 のような課題があるので、その点も理解しておくことが重要です。

▶ サーバーレスの課題 図表21-4

課題	説明
同時実行数や実行時間などの制限	同時実行数や実行時間などに制限がある。たとえばAWS Lambdaの最大同時実行数は1,000と設定されている。Amazon API Gatewayの最大のタイムアウトも29秒になっており、それ以上時間を要する処理の場合は、上限緩和や非同期処理を行うなどの対応が必要になる
コールドスタート	AWS Lambdaでは再利用できる実行環境が存在しなかった場合、ソースコードのダウンロードと実行環境の作成を行う。これをコールドスタートといい、課金対象の時間には含まれないものの、全体的な実行時間に対して遅延を及ぼす
監視の複雑化	サーバーレスサービスは、細分化された機能（サービス）の組み合わせで構成されるマイクロサービスの構築に適している。一方で、監視対象の数が増えることで監視の複雑化を招くといった問題が生じる

上記の課題を許容できない場合、ほかのサービスと連携したり別のサービスを使ったりすることが必要

対象にあわせて採用可否を決める必要がある

サーバーレスサービスが対応できる範囲は年々広くなっており、システムの構成要素としての採用数が増加しています。ただし、上記のような課題は依然として存在します。たとえばAWS Lambdaはサービスの制約をもとに考えると、常時稼働する基幹システムや、シミュレーションなどの長時間の計算には、現状では適さないといえるでしょう。システムの要件にあわせて、採用するか否かを判断することが必要です。

サーバーレスで対応できない場合は、ほかのサービスと連携するか代替サービスを利用することにより、柔軟なアーキテクチャを実現しましょう。

AWSの主なサーバーレスサービス

AWSではサーバーレスサービスが多数提供されています（図表21-5）。ただし、サーバーレスサービスと一口でいっても、各サービスで行えることはさまざまです。代表的な「AWS Lambda」は、サーバーレスなコンピューティングサービスであり、ほかにも、APIを作成できる「Amazon API Gateway」やデータベースサービスである「Amazon DynamoDB」などがあります。なお、コンテナという技術のサーバーレスサービスである「AWS Fargate」は、第4章で解説します。

▶ AWSのサーバーレスサービス 図表21-5

コンピューティング

AWS Lambda

API

Amazon API Gateway

キーバリュー型データベース

Amazon DynamoDB

コンテナ

AWS Fargate

メッセージ

Amazon SNS

Amazon SQS

AWSの代表的なサーバーレスサービスはAWS Lambda。Amazon API GatewayやAmazon DynamoDBも有名なサーバーレスサービス

AWSにはサーバーレスサービスがほかにもいくつかありますが、本書では主に上記のサービスを取り上げます。

サーバーレスアプリケーションの構成例

サーバーレスサービスを利用すると、図表21-6のようなシステム構成が可能です。この図におけるS3は、静的コンテンツを配信する基盤として使用されています。S3の静的Webサイトホスティング機能（P.099参照）を利用すれば、Webサーバーの構築なしでWebサイトの配信が可能です。

エンドユーザーは、S3からHTMLや画像などの静的なコンテンツを取得します。また、お気に入り登録情報やレコメンドなどの、エンドユーザー固有の動的なデータは、Amazon API Gateway、AWS Lambda、DynamoDBから取得します。これらを組み合わせることによって、全体的にサーバーレスなWebアプリケーションとして動作します。このような構成は、単一のHTMLを取得してアプリケーションに必要なデータをAPI経由で取得する、Single Page Application（SPA）とも親和性が高いといえます。

▶ サーバーレスサービスを利用したサンプル構成 図表21-6

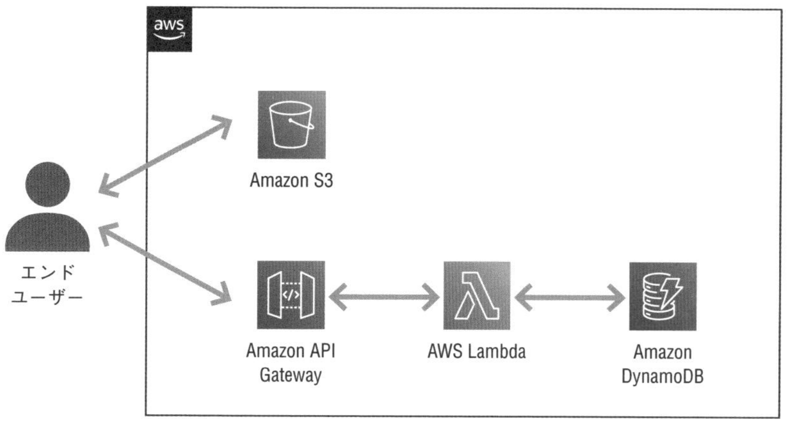

静的コンテンツはS3、動的コンテンツはAmazon API Gateway、AWS Lambda、DynamoDBで担っている

SPAを開発できる人気のJavaScriptフレームワークに、ReactやVue.jsがあります。サーバーレス構成のアプリケーションは基本的に実行単位の課金体系のため、初学者にとって始めやすいといったメリットがあります。

Lesson [AWS Lambda]

22 プログラムを実行できる「AWS Lambda」

このレッスンのポイント

Lambdaはサーバーレスなコンピューティングサービスであり、AWSの代表的なサーバーレスサービスです。ほかのAWSサービスとの連携も容易なので、多くのシステムで採用されています。

代表的なサーバーレスサービス〜AWS Lambda

AWS Lambda（以降、Lambda）は、サーバーレスなコンピューティングサービスです。Lambdaは「ラムダ」と読みます。Lambda上にあらかじめ登録したソースコード（Lambda関数）を実行可能であり、このソースコードには、PythonやNode.js、Javaなどのプログラミング言語を使用できます。

ほかのAWSサービスとの連携機能が豊富であり、何らかの処理（イベント）をきっかけにLambda関数を起動するといった、イベント駆動型の構成が可能なことも大きな特長です。たとえば、Amazon API Gateway経由のHTTPリクエスト、S3に対するアクション、EventBridgeのルールに起因するイベントなどをトリガーにLambdaを起動するといったことができます（図表22-1）。

そのためLambdaは、リクエストの解析やデータベースへのアクセス、およびクライアントへのレスポンスを形成する処理を担うことがよくあります。

▶ イベント駆動型の構成ができるLambda 図表22-1

Lambdaはイベント発生時に関数を実行できるサービス

サンプル構成におけるLambdaの役割

サーバーレスアプリケーションの例（図表22-2）においては、LambdaはAPI GatewayとDynamoDBの中間に位置しています。 この構成では、LambdaはAPI Gatewayからのリクエストを受け取って、その内容に応じた処理を行います。

たとえばTODOアプリであれば、DynamoDBには多数のタスクがデータとして保存されているはずです。そのタスクには、タスク名、タスクカテゴリー、完了期限日などの情報が格納されることが考えられます。

エンドユーザーからのリクエストが「タスクを一覧表示したい」のか、「特定のタスクの完了期限日を知りたい」のかによって、Lambdaでの処理は異なります。Lambdaにはリクエストを受け取ったあとに「どのような処理」を行うかを記述したソースコードを関数として登録しておきます。そして、API Gateway経由のHTTPリクエストをトリガーとして、リクエストに適したLambda関数が実行されるように設定します。

▶ サンプル構成におけるLambda 図表22-2

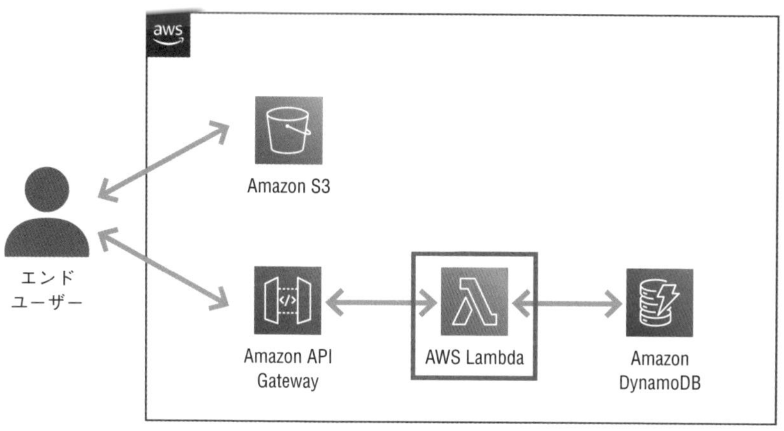

LambdaはAPI Gatewayからのリクエストに応じた処理を行う

ここではAPI Gatewayからの呼び出しの例を紹介しましたが、その他多くのAWSサービスとの連携が可能です。たとえば、EventBridgeと連携して定期的に実行したり、S3へのアップロードをトリガーに実行したりするなど、さまざまなイベント駆動型のアーキテクチャを作成できます。

Lambdaを利用する流れ

Lambdaを利用するには、大きく「Lambda関数の作成」「ソースコードのアップロード」「Lambda関数のデプロイ」という3つの手順が必要です（図表22-3）。

Lambdaを利用する流れ 図表22-3

② Lambda 関数へのソースコードのアップロード

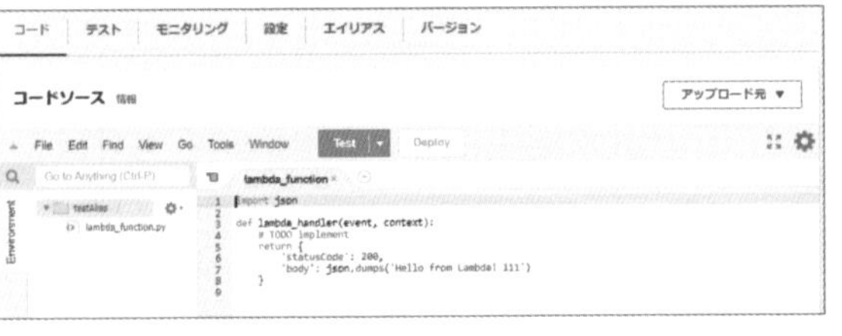

OR

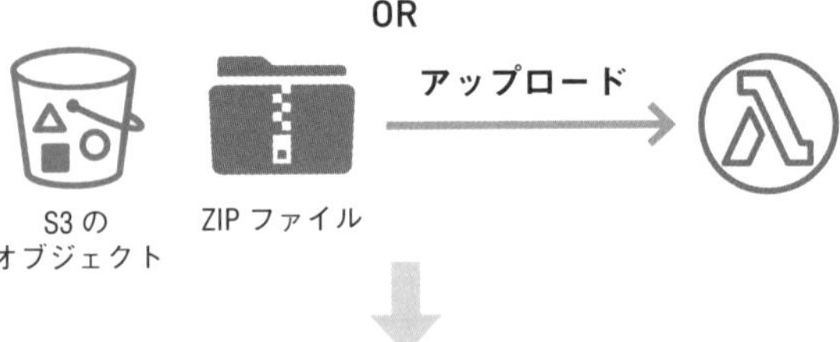

③ Lambda 関数のデプロイ

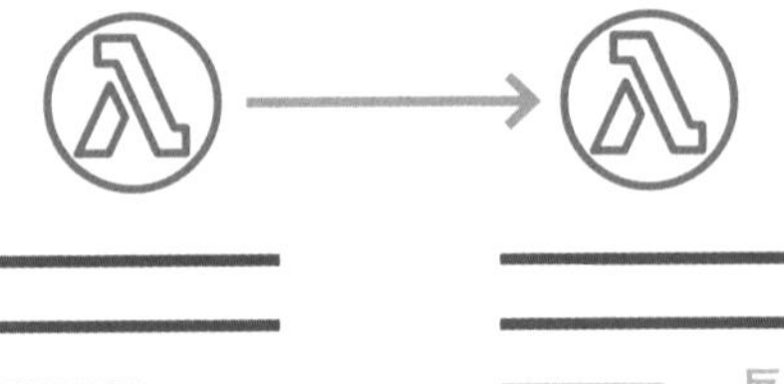

Lambdaを利用する際は大きく3つのステップが必要

Lambdaの利用手順① Lambda関数の作成

Lambdaの利用手順について、1つずつ解説していきましょう。Lambdaを使用するためにはまず、Lambda関数を作成します。作成の際には、主に 図表22-4 に示す4つの項目を設定する必要があります。

▶ Lambda関数の作成に必要な設定項目 図表22-4

設定項目	説明
関数名	Lambda関数に付ける名前。同一リージョン内でほかのLambda関数と名称が被らないように設定する必要がある
ランタイム	実行する言語を選択する。Python、Node.js、Java、Ruby、.NET、Goといった基本的なプログラミング言語がサポートされている
アーキテクチャ	CPUアーキテクチャを「x86_64」または「arm64」から選択できる
アクセス権限	Lambdaの実行ロールを選択する。「基本的な Lambdaアクセス権限で新しいロールを作成」「既存のロールを使用する」「AWSポリシーテンプレートから新しいロールを作成」の3つから選択できる

▶ Lambda関数の作成画面 図表22-5

マネジメントコンソールからLambda関数を作成する場合はこのような画面になる

Lambda では Python や Java などの基本的なプログラミング言語がサポートされています。使いたい言語が Lambda で提供されていない場合、「カスタムランタイム」という機能を使うと、任意のランタイムを用いることも可能です。開発要件に応じて利用してみましょう。

Lambdaの利用手順② ソースコードのアップロード

AWSのマネジメントコンソール上には、Lambda関数に設定するソースコードを、Webブラウザ上で編集できるエディタ機能が用意されています（図表22-6）。ほかにも、ZIP形式でアップロードしたりS3に保存されるソースコードを指定したりして、Lambda関数としてソースコードを読み込ませることが可能です。

▶ Webブラウザで利用できるLambdaのエディタ 図表22-6

Webブラウザでソースコードを編集できる。「アップロード元」からアップロードするファイルを選択することも可能

Lambda関数のソースコードの形式

Pythonの例（図表22-7）をもとに、Lambda関数のソースコードの形式を見ていきましょう。API GatewayなどのLambda関数の呼び出し元から渡されるイベントを処理するソースコード（メソッド）を、ハンドラーといいます。今回は「main」という名前にしていますが、利用者が自由に命名できます。ただし、関数の引数にはeventとcontextを記述する必要があります。「event」には、呼び出し元からのリクエストの情報（リクエストメソッド、クエリパラメータ、リクエストボディなど）が含まれます。そして「context」には、Lambdaのメモリや実行可能な残り時間などのメタ情報が含まれます。

▶ Lambda関数のソースコードの形式（Pythonの場合）図表22-7

```
def main(event, context): …関数の引数には、eventとcontextを指定
  # 処理を記述
  return {
    # レスポンスを記述
  }
```

Lambdaによるデータベースの操作例

本レッスンの冒頭で、Lambdaは「リクエストの解析やデータベースへのアクセス、およびクライアントへのレスポンスを形成する処理を担う」と紹介しました。それでは、Lambdaのソースコードではどのようにしてデータベース（DynamoDB）へのアクセスを行っているのか、TODOアプリの例でもうすこし具体的に見ていきましょう。利用者はAWSのリソースに対する操作を、一から記述する必要はありません。AWSはAWS Software Development Kit（SDK）というツール（ライブラリ、モジュール）を、プログラミング言語ごとに提供しています。Python用のSDKは、「boto3」というパッケージ名で提供されており、ソースコード内でインポートすれば使用できるようになっています。

図表22-8 は、「boto3」をインポートして、DynamoDBのテーブルに対する操作を行うソースコードの例です。まず、import文で「boto3」を使用できる状態にしています。そして「boto3.resource」の引数に操作を行う対象のAWSサービス名とリージョンを記述し、どのAWSサービスに対する操作を行うのかを指定しています。「dynamo.Table」の引数には、操作対象のテーブル名を指定します。これによって、DynamoDBの「todos」というテーブルに対して操作が行える状態になります。なお、table.scan()はテーブルに対してスキャン（全データの取得）を行うソースコードです。table.<操作>のように記述すると、tableで定義したリソースに対して<操作>を実行できます。さまざまな操作が用意されているので、実際に開発を行う際には、目的にあった操作を記述する必要があります。

▶ PythonによるDynamoDBへの操作例 図表22-8

```
import boto3 ··············· Python用のSDKである「boto3」


def main(event, context):
  dynamodb = boto3.resource('dynamodb', region_name='ap-
northeast-1') ·············· 対象のAWSサービスとリージョンの指定
  table = dynamodb.Table('todos') ······「todos」テーブルの指定

  data = table.scan() ···················· テーブルの全データを取得

  ... 略 ...
```

Lambdaの利用手順③ Lambda関数のデプロイ

作成したLambda関数を実行できる状態にするには、Lambda関数のデプロイが必要です。マネジメントコンソールからは「Deploy」ボタンを押すと、デプロイが行えます（図表22-9）。ソースコードを保存してもデプロイを行わないと、Lambda関数は実行できないので注意しましょう。

▶ Lambdaのエディタ 図表22-9

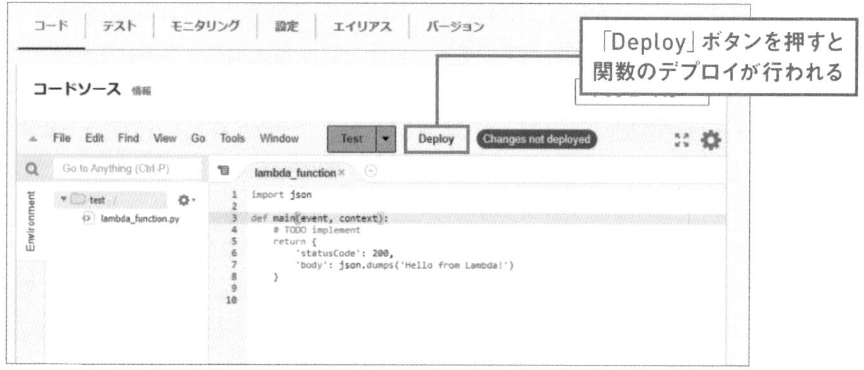

Lambda関数のデプロイはマネジメントコンソールから行える

Lambda関数はバージョン管理が可能

Lambdaでは関数のバージョン管理が行えます。マネジメントコンソールからは、［バージョン］→［新しいバージョンを発行］という項目の順に進むと、関数にバージョン番号を関連付けられます。また、各バージョンには名前（エイリアス）を付けられます。たとえば最新のバージョン（$LATEST）には「dev」、バージョン2には「stg」、バージョン1には「prod」のように命名できます。

エイリアスを設定すると、エイリアス名のあとに「重み: 100%」というワードが付きます。この値は、バージョンごとに割り振るトラフィック量を表しています。エイリアスの作成時、または［編集］ボタンから「加重エイリアス」の設定を行うと、何%のアクセスをほかのバージョンに割り振るかといった設定ができます（図表22-10）。たとえば、prodに対するアクセスのうち70%をバージョン1（prod）、30%をバージョン2（stg）に割り振るといったことができます（図表22-11）。

▶ エイリアスの作成画面 図表22-10

エイリアスを作成する場合は［エイリアスを作成］、編集する場合は［編集］をクリックする

▶ トラフィックの割り振り 図表22-11

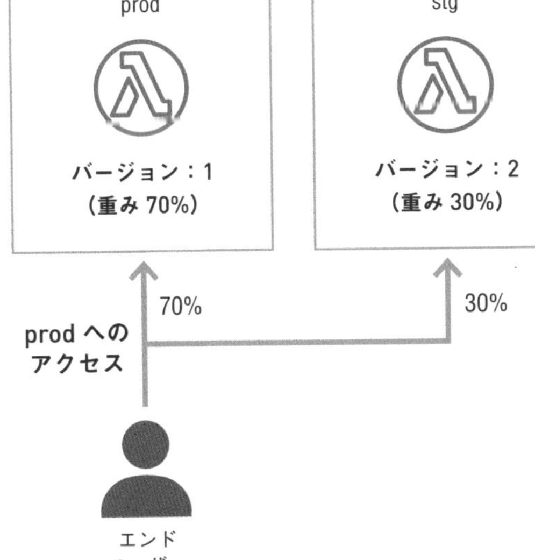

バージョンごとにトラフィックを割り振るこのしくみを利用すると、新機能をテストしつつ、徐々にアクセスを割り振る割合を増やすなどして、新機能をリリースすることができます。

「重み」に応じてトラフィックが各バージョンに割り振られる

ワンポイント　関数へバージョンを付与する際の注意点

バージョンを付与した関数を変更することはできないので、注意してください。変更が必要になった場合は最新版（$LATEST）を修正して対応する必要があります。

Lesson 23 [Amazon API Gateway]

APIを作成できる「Amazon API Gateway」

このレッスンのポイント

Amazon API Gatewayは、リクエストを受け付けるための窓口(API)を設定できるサービスです。サーバーレスな構成を作る際によく用いられるサービスなので、しっかり理解しておきましょう。

APIとは

Amazon API Gateway(以降、API Gateway)は、APIを作成するためのサービスです。そもそもAPIとは何かから解説していきましょう。

ほとんどの人が、GoogleやYahoo!などの検索エンジンを使用したことがあるでしょう。検索エンジンのエンドユーザーは調べたい対象のキーワードを検索欄に入力し、検索ボタンをクリックします。すると、キーワードに関連した情報が一覧で表示されます。このようにある操作を受け付けて、処理結果を返してくれる窓口のことをApplication Programming Interface(API)といいます。特にHTTP/HTTPS通信を使用して実行するAPIは、Web APIと呼びます。

API Gatewayは 図表23-1 のように、クライアントと処理を行うバックエンドの仲介役です。クライアント固有のデータの検索・抽出・整形などは、処理機能を持つバックエンドが担います。

Web APIの中でも、REST APIと呼ばれる形式のAPIは、多くのシステムに採用されています。本レッスンでは、APIを作成できるAWSサービスであるAPI Gatewayで、REST APIを使用する場合を例にして解説していきます。

▶ APIとは 図表23-1

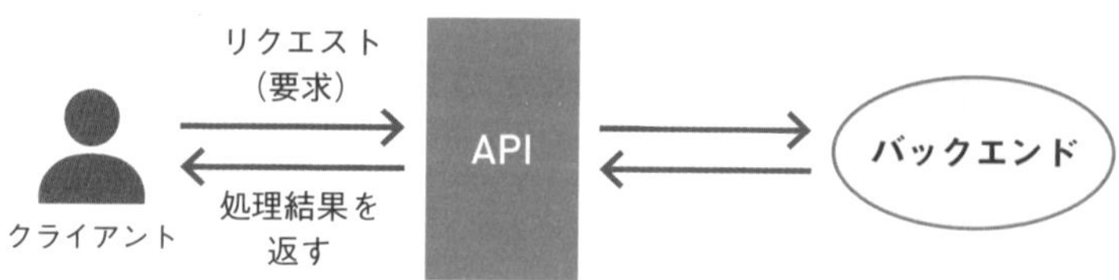

APIはクライアントからの要求を受け付け、それに応じた処理結果を返すしくみ

サンプル構成におけるAPI Gatewayの役割

サーバーレスアプリケーションの例（図表23-2）では、API Gatewayはクライアントと Lambdaの中間に位置しています。この構成では、API Gatewayはエンドユーザーからのリクエストを受け取って、Lambdaの関数を呼び出します。

具体的に、図のようなTODOアプリの構成を考えてみましょう。アプリケーション内でのユーザーの操作として、TODOの作成や表示、編集、削除などが考えられます。

また、図中のエンドユーザーの画面には、TODO一覧がすでに表示されています。これはアプリを開く際に「一覧表示」するためのAPIが呼ばれ、バックエンドから返されるデータを画面に表示したためです。そのほかにも、登録ボタンや各TODOに関連付けられている削除ボタンは、TODOを「作成」および「削除」するためのAPIと紐づいています。それらのAPIを管理しているのがAPI Gatewayです。

▶ サンプル構成におけるAPI Gateway 図表23-2

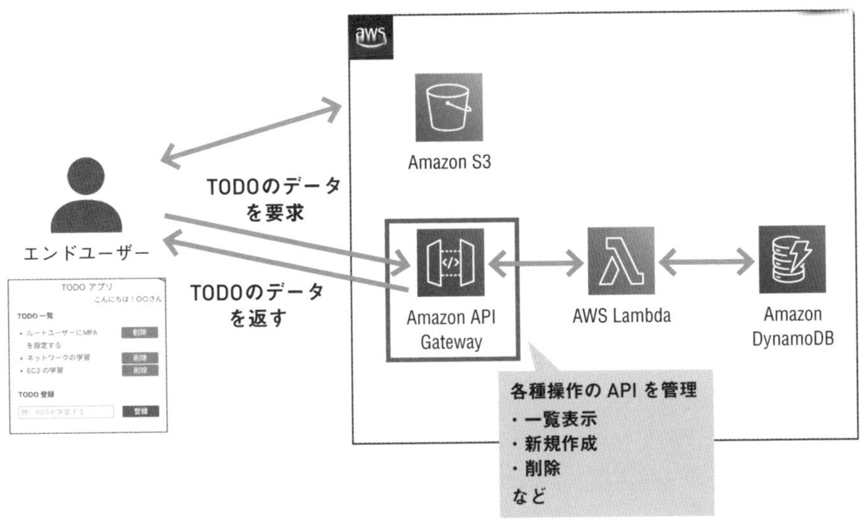

API Gatewayはエンドユーザーからのリクエストを受け取る窓口

API Gateway はマネージドサービスであり、冗長性がサポートされる高可用でセキュアなサービスです。また、Amazon Cognito（P.025 参照）と連携すると認証機能付き API を作成できるといった、ほかの AWS サービスとの連携が容易な点が大きなメリットといえるでしょう。

APIはエンドポイントを通じて利用する

API GatewayでAPIを作成すると、エンドポイントと呼ばれる、APIを識別するためのURLが発行されます。クライアントはこのエンドポイントに対してHTTPリクエストを送ることで、処理結果を取得します。図表23-3 ではURLを簡略化していますが、API Gatewayで発行されるエンドポイントは「https://<ランダムな文字列>-execute-api-<リージョン>.amazonaws.com」のような形式です。

▶ エンドポイント 図表23-3

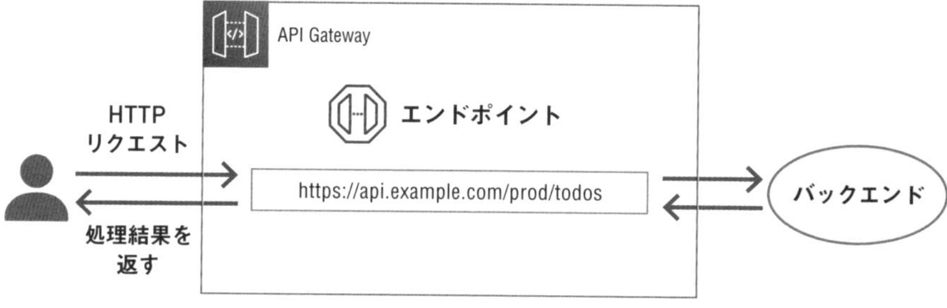

エンドポイントに対してリクエストを送ると処理結果を取得できる

エンドポイントに設定する名称

図表23-4 で例として示したエンドポイントの中における、「prod」はステージ、「todos」はリソースと呼ばれる項目です。ステージは環境を分けるために用いられる概念です。 ステージに開発環境（development）や本番環境（production）などの名称を設定すると、APIを環境ごとに区別できます。

リソースはREST APIで使用される概念で、クライアントが要求する操作の対象を定義するために用いられます。ここでの例はTODOに対して、データの読み込みや作成を行うことに焦点を当てているため、TODOの複数形である「todos」を設定しています。

REST APIでは、リソースとHTTPメソッドの組み合わせで処理内容を関連付けます。たとえば、図表23-4 のURLに対してGETリクエストを送った場合は、バックエンドでは「TODOを一覧表示する」処理を行い、POSTリクエストを送った際には「新たにTODOを作成する」処理を行います。このように、リソースとHTTPメソッドは、いつどの処理を呼び出すかを制御するためのしくみです。

▶ エンドポイントの名称の例 図表23-4

エンドポイントには、ステージとリソースが含まれている。どの処理が呼ばれるかは、HTTPメソッドとの組み合わせで決定する

API Gatewayの設定の流れ

API GatewayでREST APIを作成する際の大まかな流れは 図表23-5 のとおりです。「リソースとメソッドの作成」は先ほど紹介したように、リクエストを受け付けるための窓口を作成します。そして「バックエンドへのリクエストとレスポンスの設定」では、バックエンドとの連携を行います。最後の「APIのデプロイ」では設定した内容を使用できるようにします。これで、APIのエンドポイントが発行されます。

▶ REST APIを作成する際の流れ 図表23-5

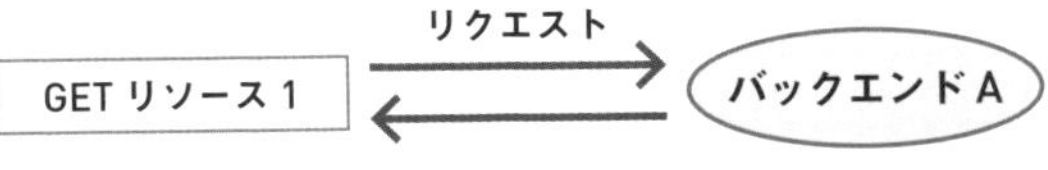

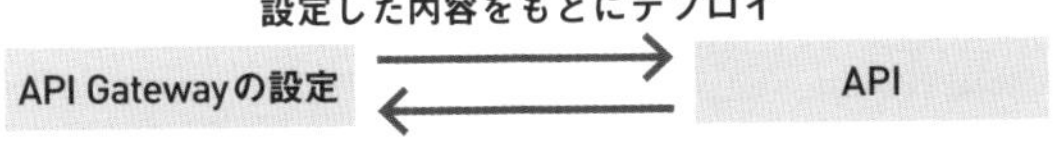

API GatewayでREST APIを作るには大きく3つの手順が必要

APIの構築手順① リソースとメソッドの作成

REST APIにおけるリソースは、URLのパスで表現します。たとえば、「TODOの一覧表示」と「TODOの作成」という機能に対して、リソース名を「todos」と設定した場合について考えてみましょう。「TODOの一覧表示」と「TODOの作成」という異なる操作をGETとPOSTメソッドに対応させると、ファイルツリーのようにリソースおよびメソッドが作成されます（図表23-6）。こうすることで、「/todos」に対してGETメソッドでリクエストした場合は「TODOの一覧表示」、POSTの場合は「TODOの作成」をバックエンドで処理するというように、異なる機能を定義できます。

{todoid}のように中かっこを使用すると、パスパラメータを設定できます。リクエストURLのパスがクライアントの要求ごとに変わるものであれば、パスパラメータを使用しましょう。 たとえば、「/todos/111」のようなパスに対してGETリクエストがあれば「todoidが111のtodoを取得する」といった処理が行えます。

▶ リソースはパスで表現する 図表23-6

リソースは階層構造で表せる

APIの構築手順② リクエストとレスポンスの設定

バックエンドへのリクエストとレスポンスの設定では、クライアントからのリクエストの受け取り方（どのデータを必須にするかなど）や、データ形式の変換といった、バックエンドと連携するための設定を行います。これらの設定には大きく、メソッドリクエスト、統合リクエスト、統合レスポンス、メソッドレスポンスという4つの項目があります（図表23-7）。

▶ エンドポイントとバックエンドを連携するための設定項目 図表23-7

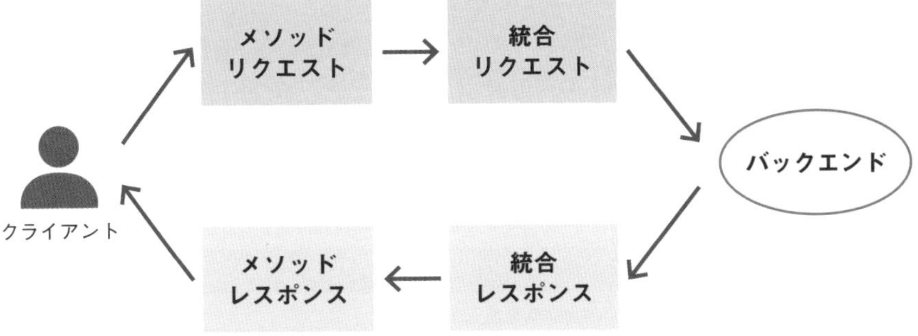

メソッドリクエストとメソッドレスポンスはクライアントとのやりとり、統合リクエストと統合レスポンスではデータの変換、と大まかに役割が分かれている

▶ 4つの設定項目の詳細 図表23-8

設定項目	説明
メソッドリクエスト	必須とするHTTPヘッダーなど、クライアントからのリクエストの受け取り方
統合リクエスト	バックエンドのタイプ（P.144参照）とバックエンドへのデータの渡し方
統合レスポンス	バックエンドから受け取るデータの変換
メソッドレスポンス	ステータスコードやHTTPヘッダーなど、クライアントへの最終的なレスポンスの形成

API Gatewayのリクエストとレスポンスの設定には上記の項目がある

上記以外に、プロキシ統合（Lambda プロキシ統合、HTTP プロキシ統合）というオプションもあります。簡単にいうと、リクエストをそのままバックエンドに渡すオプションです。クライアントからのリクエストの受け取り方やレスポンスの返し方に関して、処理が必要ない場合に活用します。

統合リクエストではバックエンドのタイプを選択

設定項目の1つである「統合リクエスト」では、図表23-9のバックエンドのタイプが選択できます。どのサービスでAPIの処理を実行するかにあわせて選択しましょう。

▶ 連携するバックエンドのタイプ 図表23-9

統合タイプ	使用ケース
Lambda関数	バックエンドとしてLambdaを使用する
HTTP	バックエンドとして公開されているHTTPエンドポイントを使用する
Mock	バックエンドとの統合なしに、モックデータのリクエスト・レスポンスをテストする
AWSサービス	バックエンドとしてAmazon SQSやAWS Step FunctionsなどのAWSサービスを使用する
VPCリンク	バックエンドとして、API Gatewayと同一リージョンにあるAWSサービスを使用する

バックエンドに何を使うかによって設定を行う

APIの構築手順③ APIのデプロイ

これまでの手順①と②ではAPI Gatewayの設定を行いましたが、設定しただけではAPIを使用できません。APIを使用できる状態にするには、APIのデプロイが必要です。AWSのマネジメントコンソールから操作する場合、「APIのデプロイ」というアクションからデプロイできます。APIをデプロイする際は、デプロイ先の「ステージ」を指定する必要があります（図表23-10）。ステージはLambdaで紹介した「エイリアス」と似た機能で、環境やバージョンに応じてAPIを管理するために使います。環境の名称だけではなく、APIのバージョンを表す「v1」「v2」などが用いられることもあります。

▶ APIを使用するにはデプロイが必要 図表23-10

デプロイする際はデプロイ先のステージを指定する

その他の主要機能～APIキーと使用量プラン

ここからは、API Gatewayで提供されているその他の主要機能について紹介します。1つ目は「APIキーと使用量プラン」です。APIキーとは、APIを実行する際に必要な情報（鍵）です。誰でも使用可能なAPIにするのではなく、一部のクライアントにのみ実行を許可したい場合に使用します。API GatewayではAPIキーの作成と導入ができ、APIキーを所有するクライアントのみAPIにアクセスできるよう設定が可能です（図表23-11）。実際に使うには、作成したAPIキーを対象のAPIメソッドに紐づけます。紐づけを行う際には「使用量プラン」を作成し、使用量プランの設定項目で、APIキーを導入したいAPIを指定します。

▶ APIに認証を追加できる 図表23-11

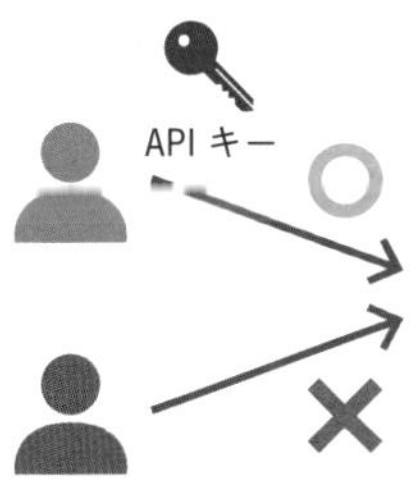

https://api.example.com/prod/todos

機能を有効化するとAPIキーがないとアクセスできなくなるので、APIをセキュアにできる

使用量プランは、単にアクセス元を絞る設定ができるだけではありません。「使用量」という名のとおり、1秒あたりのリクエスト数や特定の期間におけるリクエスト数の上限をAPI キーごとに設定できます。

その他の主要機能～オーソライザー

2つ目は、オーソライザーです。認証機能を提供するサーバーレスサービスであるAmazon Cognito（コグニート）のユーザープールやLambdaと紐づけて、APIへのアクセスを制御する機能です。認証基盤にCognitoを使用している場合、ログインしたユーザーはCognitoから返されるIDトークンを保有しています。IDトークンは、ユーザーがアプリケーションにログインしていることを保証する、いわば身分証のようなものです。このIDトークンをAuthorizationヘッダに設定すると、ログインユーザーのみAPIへのアクセスが可能になります。

Lesson 24 [Amazon DynamoDB]

高速で高可用なデータベース「Amazon DynamoDB」

このレッスンのポイント

DynamoDBはキーバリュー型のデータベースサービスです。高スループットなサービスなので、リアルタイム集計を行うシステムなどで活用することがよくあります。ここではキーバリュー型とは何かも含めて解説していきましょう。

DynamoDBとは

Amazon DynamoDB（以降、DynamoDB）は、サーバーレスなキーバリュー型データベースサービスです。キーバリュー型データベースには、リレーショナルデータベースと比べて、大規模なデータをハイパフォーマンスで処理できたり、拡張を容易に行えたりといったメリットがあります。またDynamoDBはサーバーレスサービスなので、セキュリティや拡張性についての運用負担を軽減できます。そのためユースケースとしては、ゲームアプリケーションなどのユーザー行動履歴管理や、IoTセンサーデータの管理などがあります。

▶ DynamoDB 図表24-1

ハイパフォーマンス

サーバーレスなので運用負荷を軽減

Amazon DynamoDB

キーバリュー型データベース

キー	バリュー

ハイパフォーマンスで運用負荷が軽減されるのがDynamoDBの特長

キーバリュー型データベースとは

はじめに、「キー」と「バリュー」とは何かについて説明します。キーとは、データを識別するための一意な値です。そしてバリューは、キーに紐づくデータそのものを表します。
キーバリュー型データベースでは、特定のデータにアクセスしたい場合、必ずキーを指定する必要があります。基本的には、キー以外の値（非キー属性）のみを用いて検索を行うことはできません。たとえば、図表24-2のようにデータが保存されている場合、データへアクセスする側は「id」を指定する（知っている）必要があります。「Kondo」のデータを返せ、といったように非キー属性のみを指定した要求はできません。そのため、キーバリュー型データベースでは、キーをどれにするかがテーブル設計において重要となります。

▶ キーバリュー型のデータ例 図表24-2

id（キー属性）	name（非キー属性）	age（非キー属性）
1	Kondo	25
2	Nakamura	35
3	Chiba	40

DynamoDBを使用する場合は、キーをどのように設計するかが重要です。

ワンポイント　キーバリュー型とリレーショナルデータベース

キーバリュー型は単純なデータ構造のため、高速にアクセスできることが特長です。一方で、データの一貫性を保持したり柔軟な条件検索をしたりすることは苦手、というデメリットがあります。後者の処理にはリレーショナルデータベースのほうが向いているので、どのデータベースを使うかは、目的にあわせて選択する必要があります。

NEXT PAGE →

サンプル構成におけるDynamoDBの役割

図表24-3のサンプル構成では、DynamoDBはLambdaの背後に位置しています。DynamoDBには、TODOのタイトル、カテゴリー、完了期限日など、TODOアプリに必要なデータが格納されており、Lambdaから「データ取得」のリクエストを受けて条件に合ったデータを返したり、「データの書き込み」のリクエストを受けてデータの更新を行ったりする機能を提供しています。

▶ サンプル構成におけるDynamoDB 図表24-3

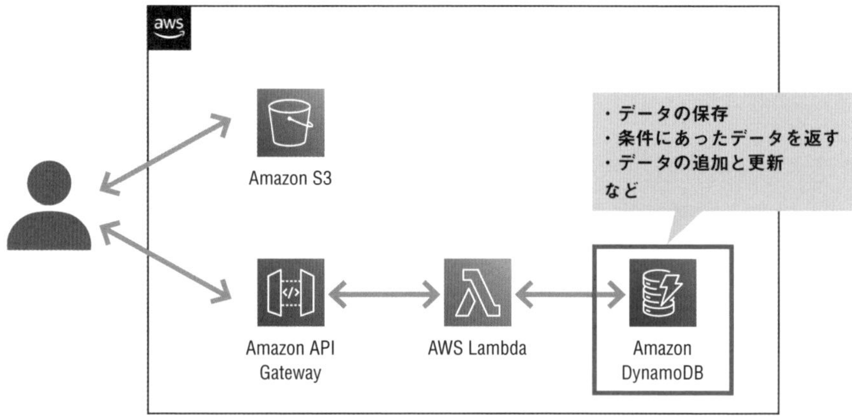

アプリケーションに必要なデータを管理するのがDynamoDBの役割

ここでは、システム要件としてTODOの取得、登録、編集など、処理として複雑な機能を必要としない場合について考えます。テーブル間参照が少ない場合やトランザクション処理などが不要の場合には、データベースとしてDynamoDBを採用できます。複雑な問い合わせ（クエリ）を要する場合は、RDSなどのリレーショナルデータベースの利用を検討しましょう。

DynamoDBのデータ構造

DynamoDBのデータ構造はキーとそれに紐づくバリューで表され、たとえば 図表24-4 のように表せます。キーには「パーティションキー」「ソートキー」「プライマリキー」という種類があるので、それらを含めた各要素の名前については、 図表24-5 で紹介します。

▶ DynamoDBのデータ構造 図表24-4

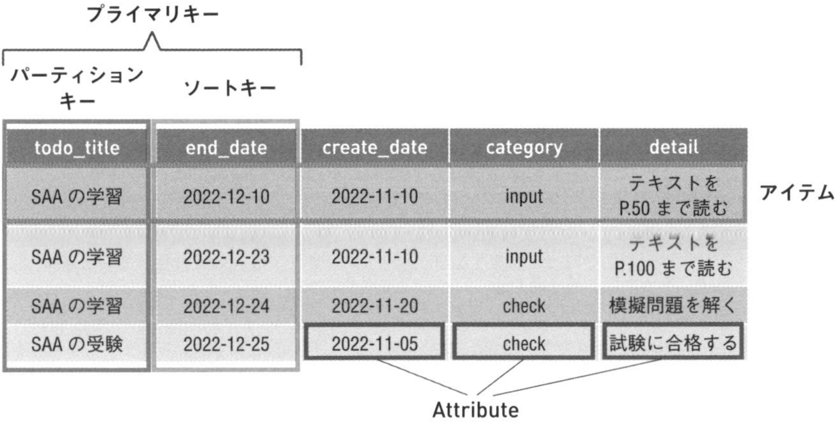

プライマリキー

パーティションキー

ソートキー

todo_title	end_date	create_date	category	detail
SAA の学習	2022-12-10	2022-11-10	input	テキストを P.50 まで読む
SAA の学習	2022-12-23	2022-11-10	input	テキストを P.100 まで読む
SAA の学習	2022-12-24	2022-11-20	check	模擬問題を解く
SAA の受験	2022-12-25	2022-11-05	check	試験に合格する

アイテム

Attribute

▶ DynamoDBの各要素の名前 図表24-5

項目	概要
Attribute	テーブル1マス1マスのそれぞれの要素
パーティションキー	データをパーティションという単位で分散して格納する際に用いられるキー
ソートキー	同じパーティションキーの値を持つデータをソートキーの値の順番で格納するために用いられるキー
プライマリキー	アイテムを一意に特定するためのキー。パーティションキー単体、またはパーティションキーとソートキーの組み合わせがプライマリキーとなる。パーティションキーとソートキーの組み合わせは複合プライマリキーと呼ぶ
アイテム	行の属性の集まり

DynamoDBで行える主な操作

DynamoDBのテーブルに対して行える主な操作について、P.135で紹介した、DynamoDBのテーブルに対する操作を行うパッケージである「boto3」の関数を例に見ていきましょう。主要な操作に対応する関数には、図表24-6があります。

▶ DynamoDBで利用できる「boto3」の主要関数 図表24-6

関数	概要
scan	テーブル内のすべてのデータにアクセスしてアイテムを返す。FilterExpressionオプションが設定されている場合は、該当したデータのみを返す
get_item	指定されたプライマリキーをもとに検索を行う
query	KeyConditionExpressionを使用してパーティションキーの値をもとにデータにアクセスする。ソートキーを設定している場合は、その値を使用してより詳細な検索ができる。また、FilterExpressionを使用してプライマリキー以外のAttributeの値をもとにした検索も可能
put_item	登録を行うアイテムのプライマリキーがテーブル内に存在していなければ、新規アイテムの追加を行う。重複するプライマリキーがテーブル内に存在している場合は、アイテムの置き換えを行う
update_item	すでに存在しているアイテムのAttributeを編集する。AttributeUpdatesに編集したいAttribute名と値を指定して実行する。もしテーブル内に存在しないプライマリキーを指定した場合には、新たにアイテムが追加される
delete_item	プライマリキーで指定したアイテムを削除する

データを検索する2つの方法

操作を行う対象のアイテムを決定する際、大きく2つの方法での絞り込みが可能です。プライマリキーの値を用いる方法と、それ以外のAttributeの値を用いる方法です。「boto3」が提供するquery関数を用いて、サンプルデータ（図表24-7）に対する検索を行う例を紹介します。このテーブルでは、パーティションキーは「todo_title」で、ソートキーが「end_date」という複合プライマリキーを使用しています。

▶ サンプルデータ 図表24-7

todo_title	end_date	create_date	category	detail
SAA の学習	2022-12-10	2022-11-10	input	テキストを P.50 まで読む
SAA の学習	2022-12-23	2022-11-10	input	テキストを P.100 まで読む
SAA の学習	2022-12-24	2022-11-20	check	模擬問題を解く
SAA の受験	2022-12-25	2022-11-05	check	試験に合格する

query関数の記述方法

まずはquery関数の記述についてみていきましょう。図表24-8はquery関数を使用して絞り込みを行う処理の例です。KeyConditionExpressionとFilterExpressionというオプションを記述し、query関数の引数に渡すことで絞り込み検索を行います。なおPythonでは**optionsのように指定すると、辞書型で指定した各キーと値をそれぞれ展開して引数に渡せます。たとえばfunc(key_1, key_2)と定義された関数にinput = {key_1: 'value_1', key_2: 'value_2'}の値をそれぞれ渡したい場合は、func(**input)のように記述します。

▶ DynamoDBを操作するソースコードの例(Python) 図表24-8

```
import boto3
from boto3.dynamodb.conditions import Key, Attr


def main(event, context):
  dynamodb = boto3.resource('dynamodb')
  table = dynamodb.Table('todos')

  options = {
      'KeyConditionExpression': Key('todo_title').eq('SAAの
学習') &
      Key('end_date').between('2022-12-23', '2022-12-24'),
      'FilterExpression': Attr('category').eq('check'),
  }                     ……… プライマリキーと非キー属性の絞り込み

  response = table.query(**options)
```

上記は、「boto3」の query 関数で、DynamoDB のデータを検索するサンプルです。

プライマリキーの値での絞り込み

プライマリキーの値で絞り込みを行う際にはKeyConditionExpressionオプションを使用します。図表24-9のように値を設定すると「todo_title」というパーティションキーの値が「SAAの学習」と等しいものを読み込めます。そのため図表24-7のようにデータが保存されていた場合は、上から3つのアイテムが返されます。

また、図表24-11のようにソートキーの条件を加えることも可能です。これにより、先ほどの絞り込みに加えて「ソートキーの値が2022-12-23から2022-12-24の間にあるデータを絞り込む」という処理になります。この場合、図表24-10のうち、上から2番目と3番目のアイテムが返されます。

▶ プライマリキーでの絞り込み例① 図表24-9

```
'KeyConditionExpression': Key('todo_title').eq('SAAの学習')
```

▶ 図表24-9の実行結果 図表24-10

	todo_title	end_date	create_date	category	detail
マッチ	SAA の学習	2022-12-10	2022-11-10	input	テキストを P.50 まで読む
マッチ	SAA の学習	2022-12-23	2022-11-10	input	テキストを P.100 まで読む
マッチ	SAA の学習	2022-12-24	2022-11-20	check	模擬問題を解く
	SAA の受験	2022-12-25	2022-11-05	check	試験に合格する

▶ プライマリキーでの絞り込み例② 図表24-11

```
'KeyConditionExpression': Key('todo_title').eq('SAAの学習') &
Key('end_date').between('2022-12-23', '2022-12-24')
```

▶ 図表24-11の実行結果 図表24-12

	todo_title	end_date	create_date	category	detail
	SAA の学習	2022-12-10	2022-11-10	input	テキストを P.50 まで読む
マッチ	SAA の学習	2022-12-23	2022-11-10	input	テキストを P.100 まで読む
マッチ	SAA の学習	2022-12-24	2022-11-20	check	模擬問題を解く
	SAA の受験	2022-12-25	2022-11-05	check	試験に合格する

非キー属性での絞り込み

プライマリキー以外のAttributeを非キー属性と呼びます。非キー属性の値で絞り込みを行う際にはFilterExpressionオプションを使用します。図表24-13のように値を設定すると、「category」というAttributeの値が「check」と等しいものを読み込めます。図表24-11の絞り込みに加えて実行すると、図表24-14の上から3つ目のアイテムが返されます。

このように、非キー属性での絞り込みにはFilterExpressionオプションを利用できますが、非効率になる可能性があるため、適切なキー設計が必要です。

▶ 非キー属性での絞り込み例 図表24-13

```
'FilterExpression': Attr('category').eq('check')
```

▶ 図表24-13の実行結果 図表24-14

	todo_title	end_date	create_date	category	detail
	SAAの学習	2022-12-10	2022-11-10	input	テキストをP.50まで読む
	SAAの学習	2022-12-23	2022-11-10	input	テキストをP.100まで読む
マッチ	SAAの学習	2022-12-24	2022-11-20	check	模擬問題を解く
	SAAの受験	2022-12-25	2022-11-05	check	試験に合格する

前ページの例でKeyConditionExpressionを使用する場合にも、パーティションキーの指定が必須です。ソートキー単体を指定することはできないので注意しましょう。

DynamoDBのテーブルに対するほかの操作

データの取得を行うquery関数と、絞り込み検索を行うためのオプションである「KeyCondition Expression」と「FilterExpression」を紹介しました。これ以外にもDynamoDBのテーブルに対する操作について、多くの関数が用意されています。これらの関数の使用法についてはboto3のドキュメントを参考にしましょう。

▶ boto3のドキュメント 図表24-15

https://boto3.amazonaws.com/v1/documentation/api/latest/index.html

効率的に検索するしくみである「インデックス」

データの検索をしやすくするために、データベースに用意されているしくみとして、インデックスがあります。書籍の巻末にある索引を使って用語を探すと検索効率が上がるのと同じように、テーブルのデータへ効率的にアクセスするために使用されます。DynamoDBは、ローカルセカンダリインデックス（LSI）とグローバルセカンダリインデックス（GSI）という、2種類のインデックスを提供しています。インデックスといっても、新たな機能が追加されるというよりは、効率的な検索を実現するために、データの保存方法が異なる新たなテーブルが追加されるイメージです。また、インデックスはパーティションキーとソートキーの組み合わせが一意である必要がない点も押さえておきましょう。

インデックスを作成するもとになるテーブルを、ベーステーブルと呼びます。インデックスに対して読み込み操作を行う場合は、対象のインデックスを明示的に指定する必要があります。boto3であればIndexNameというキーの値にインデックス名を設定します。

インデックスの種類～LSI

パーティションキーとソートキーが設定されたテーブルに対して、あとから特定のAttributeをソートキーに設定したい場面でLSIが活用できます。図表24-16のサンプルテーブルで例を挙げると、TODOを作成した日（create_date）と関連付けてアイテムを保存したい場合などです。「create_date」をソートキーとして新たにLSIを作成すると、図表24-17のようなKeyConditionExpressionオプションの指定ができます。

ソートキーはテーブル作成時にのみ設定できます。そのため、後から特定のAttributeをソートキーのように使いたい場合に、LSIが活用できます。もし、テーブル自体にソートキーを設定したい場合は、新たにテーブルを作成しましょう。

▶ LSIの設定例 図表24-16

ベーステーブル（パーティションキー：todo_title、ソートキー：end_date）

todo_title	end_date	create_date	category	detail
SAA の学習	2022-12-10	2022-11-10	input	テキストを P.50 まで読む
SAA の学習	2022-12-23	2022-11-10	input	テキストを P.100 まで読む
SAA の学習	2022-12-24	2022-11-20	check	模擬問題を解く
SAA の受験	2022-12-25	2022-11-05	check	試験に合格する

LSI（パーティションキー：todo_title、ソートキー：create_date）

todo_title	create_date	end_date	category	detail
SAA の学習	2022-11-10	2022-12-10	input	テキストを P.50 まで読む
SAA の学習	2022-11-10	2022-12-23	input	テキストを P.100 まで読む
SAA の学習	2022-11-20	2022-12-24	check	模擬問題を解く
SAA の受験	2022-11-05	2022-12-25	check	試験に合格する

▶ LSIを活用した絞り込み例 図表24-17

```
'KeyConditionExpression': Key('todo_title').eq('SAAの学習') &
Key('create_date').between('2022-11-01', '2022-11-15')
```

○ インデックスの種類〜GSI

GSIは、最初に作成したテーブルにソートキーが含まれているか否かに関わらず作成できます。TODOアプリで例を挙げると、TODOを作成した日が古いものと、「category」がinputであるもののデータが返されるようにしたい、といったケースで力を発揮します。この場合「category」をパーティションキー、「create_date」をソートキーに設定したGSIを作成します（図表24-18）。GSIはLSIと異なり、パーティションキー以外の任意の属性を2つ選んでキーに設定できます。このようにGSIを作成すると、図表24-19のようなKeyConditionExpressionの指定ができます。

▶ GSIの設定例 図表24-18

ベーステーブル（パーティションキー：todo_title、ソートキー：end_date）

todo_title	end_date	create_date	category	detail
SAA の学習	2022-12-10	2022-11-10	input	テキストを P.50 まで読む
SAA の学習	2022-12-23	2022-11-10	input	テキストを P.100 まで読む
SAA の学習	2022-12-24	2022-11-20	check	模擬問題を解く
SAA の受験	2022-12-25	2022-11-05	check	試験に合格する

GSI（パーティションキー：category、ソートキー：create_date）

category	create_date	todo_title	end_date	detail
input	2022-11-10	SAA の学習	2022-12-10	テキストを P.50 まで読む
input	2022-11-10	SAA の学習	2022-12-23	テキストを P.100 まで読む
check	2022-11-20	SAA の学習	2022-12-24	模擬問題を解く
check	2022-11-05	SAA の受験	2022-12-25	試験に合格する

▶ GSIを活用した絞り込み例 図表24-19

```
'KeyConditionExpression': Key('category').eq('input') &
Key('create_date').between('2022-11-01', '2022-11-15')
```

DynamoDBのその他の主要機能

DynamoDBで提供されているその他の主要機能について、図表24-20に紹介します。レスポンスをより高速化させるための機能である「DynamoDB Accelerator」や、テーブルの変更をトリガーとしてLambda関数を起動する際に利用できる「DynamoDBストリーム」といった機能があるので、必要に応じて参照してください。

▶ DynamoDBの主要機能 図表24-20

機能名	概要
DynamoDB Accelerator (DAX)	レスポンスを高速化するための機能。DAXクラスタというインメモリ型のデータベースの集まりをVPC内に作成して使用できる。DynamoDBを操作する際のAPIと互換性があり、既存のシステムからの移行もできる
DynamoDBストリーム	テーブルの項目の変更をキャプチャして、時系列順に保存できるログ機能。DynamoDBストリームを作成すると、エンドポイントが生成される。アプリケーションがこのエンドポイントにアクセスして処理を行うほかに、ストリームにデータが書き込まれたことをトリガーにLambdaを起動するイベントドリブンな処理を実行できる
DynamoDBトランザクション	DynamoDBにおけるトランザクション機能。一般的なトランザクションには分離レベルという概念が存在する。分離レベルとは、データベースに対する複数の処理が同時に実行された場合に、どれくらいのレベルで一貫性を提供するかを4段階で定義したもの。トランザクションを定義づけるACID特性の、Isolation（分離性）の度合いを表す。DynamoDBのトランザクションはこの4段階のうち、最も分離性の高いSERIALIZABLE（直列化可能）に該当する。これは、同時に行われた処理が、時間的重なりがない場合に行われた処理と同様の結果になることを保証する
DynamoDBグローバルテーブル	マルチリージョンでマルチアクティブなデータベースをデプロイするための機能。たとえば、日本を中心に展開していたサービスをアメリカにも展開する場合などに活用できる。グローバルテーブルを使用すると、もともと使用していたテーブルを、指定したリージョンでも同様に使用できるよう、同一のテーブルが作成される。これにより、新たなリージョンでのユーザー体験を向上させることが可能

上記の機能は初学者にはとっつきづらいものもあるので、必要なときに参照してみるとよいでしょう。

Lesson 25 [Amazon SQS]

非同期処理を実現する「Amazon SQS」

このレッスンのポイント

以降はAWSのメッセージサービスを2つ紹介します。P.129のサンプルには登場しませんが、サーバーレスアプリケーションや、細分化された機能の組み合わせで構築する「マイクロサービス」において重要な要素です。

Amazon SQSとは

本レッスンでは、AWSのメッセージサービスの1つである、Amazon Simple Queue Service（SQS）について解説します。

サービス名に含まれるキュー（Queue）とは、データ構造の一種であり、複数あるデータに順番を与え、それを時系列順に1列に並べた構造のことです。日常生活でいうと、スーパーのレジ待ちの列のようなものです。もしあなたの前にすでに2人並んでいるなら、あなたは3番目に商品を購入できますね。この例において、レジ係の対応が「処理」にあたり、列に並ぶ人が「データ」です。このデータはメッセージと呼ばれ、処理に必要な情報が含まれています。スーパーのレジでは早い時間に並んだ人から買い物ができるように、キューでは基本的に、古いデータから順に処理が行われます（図表25-1）。SQSは、処理を待つメッセージを管理することに焦点が当てられたキューイングサービスです。メッセージサービスを使うと、メッセージを送信する側と、メッセージサービスの後続処理を行うサービス（サーバー）で役割を分離できます。

▶「キュー」はデータ構造の一種 図表25-1

キュー

メッセージ3 

メッセージ2 

メッセージ1 

レジ係（処理）

データが順番に1列になっている構造をキューと呼ぶ

SQSは「非同期処理」を実現できる

SQSの役割を理解するために、ECサイトで商品を購入する際の処理の流れを例に説明します。エンドユーザーがある商品を購入した場合、「購入を受け付ける」処理（処理1）、「該当商品の在庫を確認し、在庫数を1つ減らす」処理（処理2）と、外部サービスと連携して「商品の発送を依頼する」処理（処理3）を行う必要があるとします。

処理2に関しては、データベースに在庫数が反映されたのを確認したあと、エンドユーザーに購入処理が完了したことを伝える必要があります。このような、ある処理の完了を待ってレスポンスをすることを、同期処理といいます。処理3は、外部サービスと連携していることもあり、一般的に処理完了までに時間を要します。エンドユーザーにとっては、購入画面において、問題なく商品が購入されたかどうかが重要な情報であり、配送依頼が完了したかどうかは即座に伝える必要性が低い情報です。このような処理は、処理完了を待たずに一時的な応答を返し、裏側で処理を継続する、非同期処理が有効です。

SQSは処理の依頼側と実行側を分離し、非同期処理を行えるようにするサービスです。

▶ **同期処理と非同期処理** 図表25-2

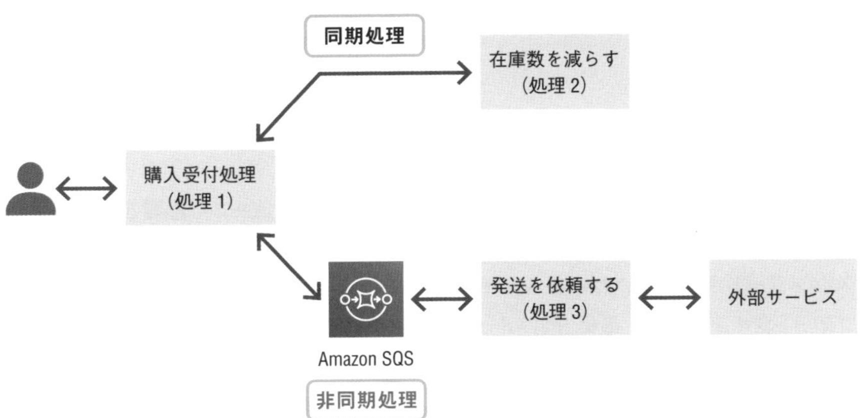

エンドユーザーにすぐにレスポンスする必要がある場合は同期処理、そうでない場合は非同期処理、のように使い分ける

エンドユーザーとしては、処理が終了するまでに数秒画面がロックされてしまうだけで「遅い」と感じてしまい、サービスからの離脱につながりかねません。ユーザー体験の質を高く保つためにも、非同期処理を活用することが重要です。

SQSの基本的なしくみ

ここからはSQSのしくみや機能について見ていきましょう。SQSでまず押さえる必要があるのは、プロデューサー、キュー、コンシューマーという用語です。キューはすでに説明したとおりであり、プロデューサーはメッセージの送信者で、コンシューマーはメッセージの取得者です（図表25-3）。ここであえて「取得者」といったのは、コンシューマーは、メッセージを受け身で受信するのではなく、自ら取得しに行く（ポーリングする）ためです。使用例として紹介した図表25-2でいうと、処理1がプロデューサー、処理3を行う実体がコンシューマーです。

▶ SQSのしくみ 図表25-3

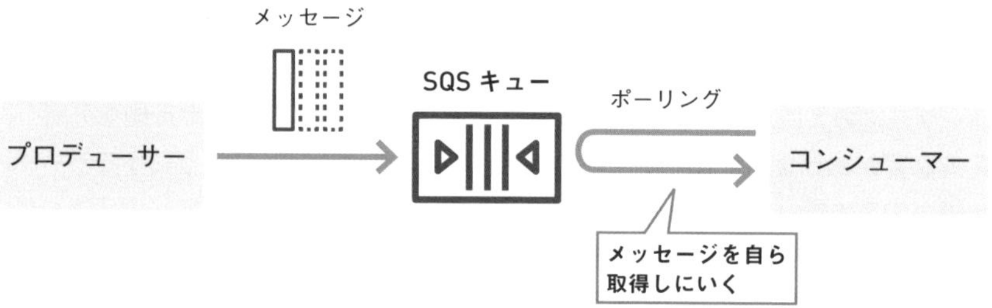

プロデューサーがメッセージを送信し、メッセージはキューに溜まる。コンシューマーはメッセージをキューに取りに行く

SQSのキューには2種類ある

SQSのキューには、スタンダードとFIFOという2つのタイプがあります（図表25-4）。スタンダードキューはいわゆるベストエフォートタイプであり、最低1回のメッセージの配信が保証されます。しかし、キューに対して複数のメッセージを送った際には、その順序が順不同になったり、場合によっては2回以上コンシューマーに届いてしまったりすることがあります。そもそもそのような挙動がアプリケーションに影響しない場合、またはアプリケーションのロジックで影響を解消できる場合は、スタンダードキューを活用できます。

一方FIFOキューでは、メッセージの順序が保証されます。また「重複排除」機能を利用すると同一メッセージが重複して配信されてしまう事象を予防できます。予約や注文処理など、厳密な順序付けを必要とする処理を実装する場合は、利用を検討してみましょう。

▶ スタンダードキューとFIFOキュー 図表25-4

スタンダード	5	6	3	4	2	1
FIFO	6	5	4	3	2	1

スタンダードキューではメッセージが順不同な場合があり、FIFOキューはメッセージの順序を保証する

FIFO キューは 1 秒あたり最大 300 件のオペレーション（送信、受信、または削除）がサポートされています。一方、スタンダードキューは 1 秒あたりにほぼ無制限の件数のメッセージを取り扱うことが可能です。

ポーリングの待機時間を設定できる

SQSでは、コンシューマーがキューにメッセージを取得しにいった際の、レスポンスまでの待機時間を設定できます。SQSの「メッセージ受信待機時間」の項目で、0秒を設定した場合をショートポーリングといい、0秒より長い時間（最大20秒）を設定した場合をロングポーリングといいます。ショートポーリングの場合は、メッセージが存在しない場合でも空のメッセージが返却されます。

一方でロングポーリングの場合、メッセージが存在しない場合は、最大で設定した時間、SQS側でレスポンスを待機します。ロングポーリングはコスト効率の面で無駄なポーリングを減らせるというメリットがあるので、よく利用されます。

SQS には、可視性タイムアウト、デッドレターキュー、遅延キューという機能もあります。それぞれの概要については次のページにまとめてあります。

▶ SQSのその他の機能 図表25-5

機能	概要
可視性タイムアウト	SQSではコンシューマーがメッセージを取得したとしても、メッセージは自動的に削除されることはないので、コンシューマーは同一のメッセージを複数回取得してしまう可能性がある。「可視性タイムアウト」では0秒～12時間の間で、メッセージが取得された際に同一メッセージが設定した時間内は取得できないように設定できる
デッドレターキュー	処理に失敗してしまうメッセージは、削除されない限りキューに残り続けるので、コンシューマーが同一メッセージに対して失敗する処理を継続して実行してしまう。「デッドレターキュー」は、設定した最大取得回数（maxReceiveCount）を超えてメッセージを取得しようとした場合に、該当メッセージを別のキューに移動させ、それ以上取得されないようにする
遅延キュー	メッセージがキューに登録されてから一定時間、コンシューマーがメッセージを取得できないようにする機能。対象のメッセージの処理を遅らせたい場合など、アプリケーションの用途に合わせて利用を検討するとよい

▶ 可視性タイムアウト、デッドレターキュー、遅延キュー 図表25-6

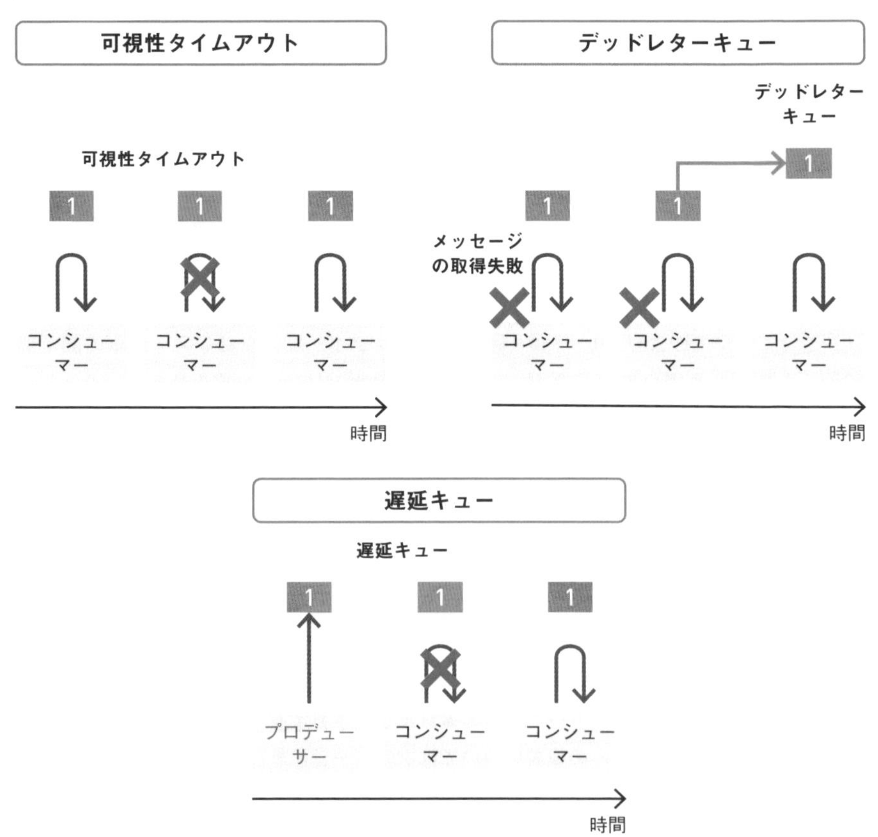

3つとも応用的な機能なので、必要に応じて導入してみよう

Lesson 26 [Amazon SNS]

システム間のメッセージングを実現する「Amazon SNS」

このレッスンのポイント

Amazon SNSはAWSのさまざまなサービスと連携して使用されます。モバイル通知やEmail通知に加えて、SQSと連携することで、AWSサービス間で処理の並列化を実現できます。

Amazon SNSとは

Amazon Simple Notification Service（Amazon SNS）は、配信者が受信者に対してメッセージを配信するためのサービスです。SQSのサービスの構造と似ていますが、メッセージの受信の方法が異なります。Amazon SNSにおいてはメッセージの配信側をパブリッシャー、受信者をサブスクライバーといいます（図表26-1）。SQSではコンシューマーがキューに対してポーリングすることでメッセージを取得できましたが、Amazon SNSではポーリングは必要ありません。パブリッシャーがトピックと呼ばれるアクセスポイントにメッセージを配信すると、トピックの背後で連携するリソースに対してメッセージが自動的に割り振られます。このようなメッセージ配信は、Publisher/Subscriber（Pub/Sub）形式といいます。

▶ **Pub/Sub形式のメッセージ配信** 図表26-1

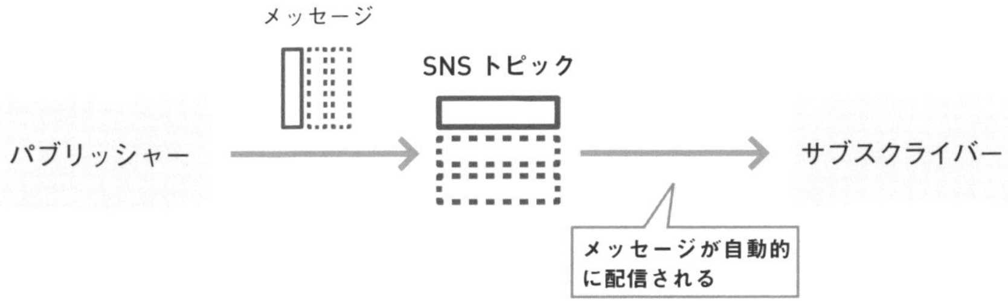

パブリッシャーがメッセージを配信し、メッセージはトピックに一時溜まる。メッセージはトピックからサブスクライバーに配信される

Amazon SNSの使用例

P.159で紹介した非同期処理において、追加の処理が必要になった場合について考えてみましょう。エンドユーザーの購買行動をもとにデータ解析を実行する処理（処理4）を追加するとします。この処理はエンドユーザーに対して何かしらのレスポンスをするものではないため、裏側で非同期的に処理を行います。このようにエンドユーザー起因の単一のアクションに対して、2つ以上の非同期処理を行いたい場合に、Amazon SNSを活用できます。SNSトピックを作成し、処理3を実行するリソースと処理4を実行するリソースをサブスクライバーとして構成することで、実現できます（図表26-2）。

なお、CloudWatch Events、AWS Step Functions、API Gateway、S3などのサービスは、パブリッシャーとしてSNSトピックにメッセージを送れます。サブスクライバーには、SQSやLambdaなどのAWSサービスに加え、Eメール通知やモバイル通知を連携して使用できます。

▶ ファンアウト 図表26-2

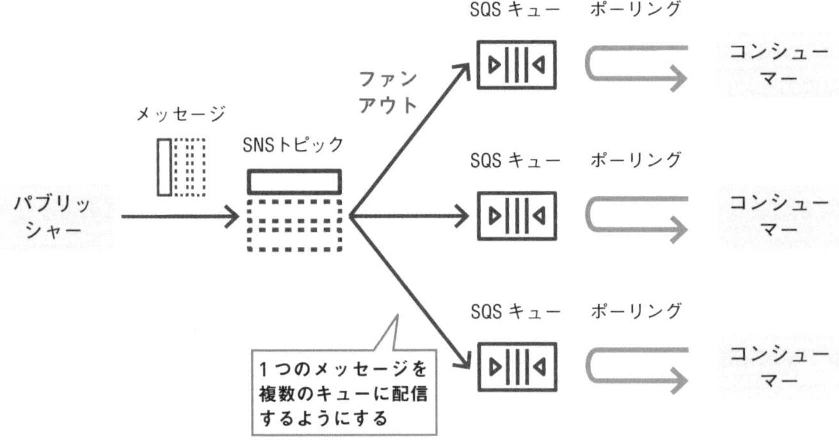

ファンアウト構成により、メッセージの受信と配信を分離することで、スケーラビリティと信頼性を高める

上記のように、1つのメッセージを複数のキューに送り、並列的に処理するための配信方法を「ファンアウト」といいます。

Amazon SNSで通知機能を作成する

Amazon SNSに対してメッセージを発行できるサービスは、CloudWatch、AWS Step Functions、S3、SQS、Lambdaなどさまざまです。たとえば、AWSリソースのモニタリングサービスであるCloudWatchをAmazon SNSと連携すると、通知機能を作成できます（図表26-3）。CloudWatchではCPU使用率などのリソースの状態（メトリクス）を登録し、その時間変化を取得します。そのメトリクスに対してしきい値を設定することで、そのしきい値を超えたらAmazon SNSがメール通知を行うように設定できます。なお、Amazon SNSが通知できるサブスクライバーは、メールだけではなく、SQS、Lambda、Amazon Kinesis Data Firehoseなどのサービス、HTTPSエンドポイント、ショートメッセージサービス（SMS）などに対しても、メッセージを配信できます。

▶ CloudWatchとAmazon SNSの連携 図表26-3

CloudWatchでモニタリングし、しきい値を超えたらAmazon SNSによって通知が行われることで、障害対応を迅速に行える

ワンポイント　メッセージの順序を保証するには

Amazon SNSにもSQSと同様にFIFO形式（FIFOトピック）を設定できます。メッセージに厳密な順序付けが必要なアプリケーションを構築する際には、SNSのFIFOトピックを使用しましょう。

Lesson [AWS Amplify]

27 Web／モバイルアプリを高速開発できる「AWS Amplify」

このレッスンのポイント

第3章の最後に「AWS Amplify」を紹介しましょう。AWS Amplifyは、Web／モバイルアプリを作成できるサービスです。サーバーレスな構成を高速で構築できるので、サービス概要を押さえておきましょう。

○ AWS Amplifyとは

AWS Amplify（以降、Amplify）はWeb／モバイルアプリケーション開発のプラットフォームです。Amplifyを使用すると、サーバーレスな構成でバックエンド（認証機能やAPI）を高速に構築したり、マネジメントコンソールから数クリックでCI/CD環境を作成して、アプリケーションをホスティングしたりすることが可能です。Amplifyで提供されているAmplify CLIというツールを開発用サーバーにインストールすると、アプリケーションの設定やバックエンドを構築するコマンドが実行できるようになります。たとえば 図表27-1 は、APIを作成するためのコマンドです。実際には、コマンド実行後に対話形式でAPIの設定が行われますが、マネジメントコンソールでの操作なしでバックエンドが設定できます。このadd apiコマンドでは、REST APIかGraphQL APIを作成できます。REST APIを設定した場合にはAPI Gateway、Lambda、DynamoDBを、GraphQL APIを設定した場合にはAWS AppSyncとDynamoDBをバックエンドのリソースとした構成が実現できます。なお、クラウド上に設定を反映するにはamplify pushコマンドを実行する必要があります。

▶ Amplifyのコマンド（APIの作成） 図表27-1

```
amplify add api
```

▶ Amplify CLIの主なコマンド 図表27-2

コマンド	概要
amplify configure	認証情報など、AWS環境にアクセスするための設定
amplify init	プロジェクトの初期設定
amplify add {feature}	アプリケーションに機能を追加する。{feature}にはapi、auth、functionなど、その機能の種類を記述する。それぞれの機能によって自動的にバックエンドのリソースが定義(CloudFormationテンプレート)される
amplify publish	CloudFrontとS3を使用したホスティングにより、アプリケーションを配信する設定
amplify push	ローカルの設定をクラウド上に反映させ、リソースが展開される(CloudFormationテンプレートの実行)
amplify status	クラウド上とローカルの設定値の差異を表示する
amplify delete	プロジェクトに紐づくリソースを削除する

ワンポイント Amplifyの可能性

アプリケーションの規模が大きくなってくると、Amplifyの枠組みだけでは対応できないことが生じることもあるでしょう。しかしアプリケーションを成長させる段階で、Amplifyを活用することはできると考えられます。PoC(Proof of Concept)やMVP(Minimum Value Product)という、プロダクトの価値を実証したり、必要最小限のシンプルな機能を提供して顧客ニーズ把握したりするための、プロダクトまたは方法を表す言葉があります。価値の提供側は、いかに素早く試せるかを重要視しており、PoCやMVP開発はその手段です。Amplifyはこのような企業のニーズを満たしうるポテンシャルがあり、その可能性を追求できるサービスであるといえるでしょう。

Amplify を使用すると、サーバーレスな構成でバックエンドを高速に構築できます。しかし、アプリケーションの規模が大きくなると限界が生じる可能性もあるため、成長段階においてさまざまなサービスとの連携や代替を検討するようにしましょう。

COLUMN

フロントエンド開発を効率化する「Amplify Studio」

2022年4月に一般提供が開始されたAmplify Studioも、フロントエンドにおける開発効率を向上させる機能として期待されています。Amplify Studioを利用すると、デザインツール「Figma」で作成したUIデザインを管理でき、さらにそのUIデザインのデータ構造を定義してバックエンドと連携することが可能になります（図表27-3）。具体的には、DynamoDBに保存される、title、image_url、descriptionのようなデータを、以下のようなカードデザインの各要素に対応させることができます。このような対応づけをAmplify Studio上で行うことで、バックエンドへの接続機能付きUIデザインをソースコードとして開発環境にダウンロードできます（現在はReactのみに対応）。

▶ Figma 図表27-3

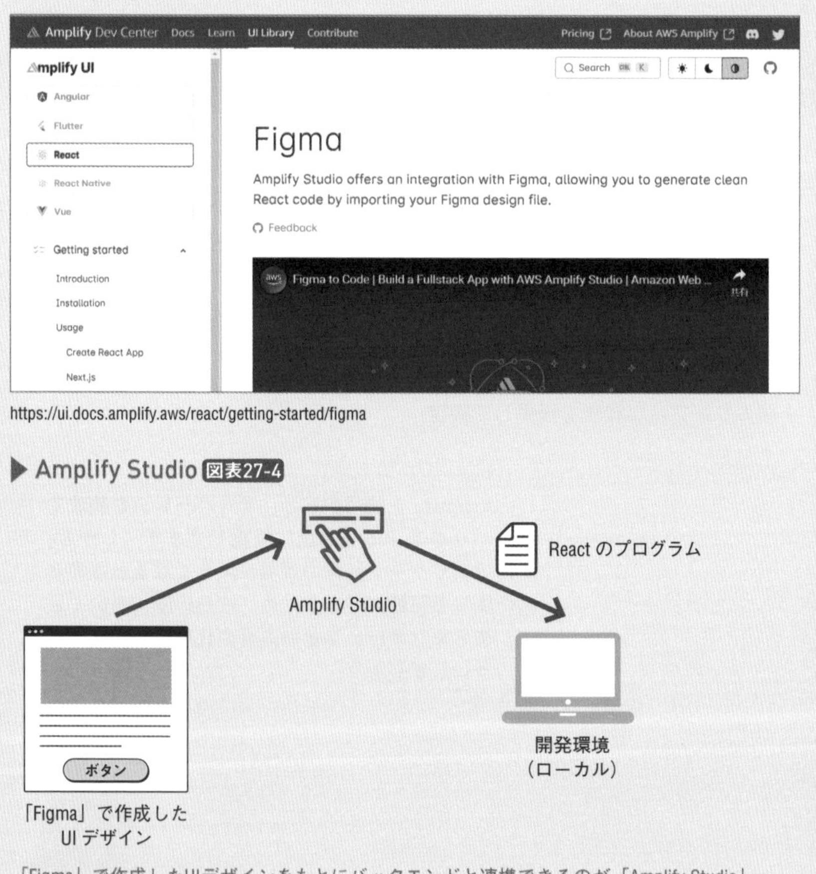

https://ui.docs.amplify.aws/react/getting-started/figma

▶ Amplify Studio 図表27-4

「Figma」で作成したUIデザインをもとにバックエンドと連携できるのが「Amplify Studio」

Chapter

4

コンテナサービスでスケーラブルなアプリを開発しよう

本章では、AWSのコンテナ関連のサービスについて解説します。コンテナはアプリケーション開発で非常によく使われているので、コンテナのメリットも含めて紹介していきます。

Lesson [コンテナの概要と必要性]

28 コンテナって何だろう？

このレッスンのポイント

コンテナは近ごろのアプリケーション開発でよく使われている技術であり、AWSでもコンテナを扱えるサービスが提供されています。AWSのコンテナサービスを紹介する前に、コンテナの概要について解説しましょう。

アプリケーション開発のよくある課題

コンテナが何かを理解するために、まずは「アプリケーション開発のよくある課題」について見ていきましょう。
アプリケーション開発では、作成したソースコードを、複数の環境（サーバー）でテストします。一般的にはまず、開発者がローカル環境で作成したソースコードを「開発環境」に反映して、テストします。その後、本番環境と同様の運用を行っている検証環境でもテストします。この複数回のテストを経てはじめて、本番環境でアプリケーションを稼働させます。なお、開発環境や検証環境は常に同じものを全員で使うわけではなく、プロジェクトや開発機能ごとに個別で用意することがあります。
このようにアプリケーション開発では、開発環境、検証環境、本番環境のように、複数の環境が必要です（図表28-1）。これらをすべて手動で構築すると作業工数がかかるうえに、構築時に人的ミスが発生する可能性があります。

▶ **アプリケーション開発では複数の環境が必要** 図表28-1

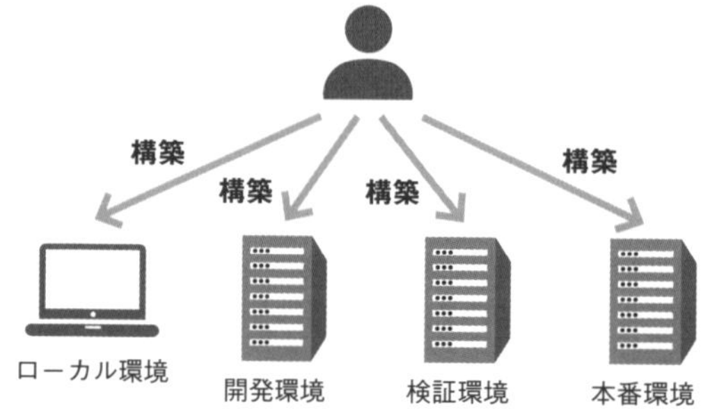

アプリケーション開発では複数の環境が必要なので、各環境の構築やテストには時間がかかる

複数環境でバージョンを揃える難しさ

アプリケーション開発における課題は、それだけではありません。アプリケーションには、アプリケーションのソースコードだけではなく、そのソースコードを実行するためのソフトウェア（ランタイム）、依存関係があるライブラリなどが必要です。そしてそれらをインストールしたり環境変数などを設定したりしてはじめて、アプリケーションは動作します（図表28-2）。

そのため複数の環境を構築する際、各環境のランタイムやライブラリのバージョンを揃えておかないと、思わぬところで不具合が発生する場合があります。たとえば本番環境だけライブラリの更新が漏れていると、検証環境までは問題なく動作していたアプリケーションが本番環境では動作しないといったことも発生しかねません（図表28-3）。

このように、複数の動作環境を手動で、同じランタイムやライブラリのバージョンで揃えてミスなく構築することはとても難しいものです。

▶ アプリケーションの動作に必要なもの 図表28-2

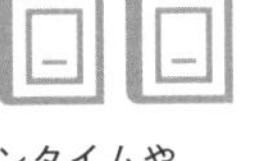

アプリケーションの動作にはランタイムやライブラリ、環境変数の設定なども必要

▶ 環境間のバージョン差異による障害発生 図表28-3

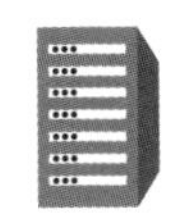
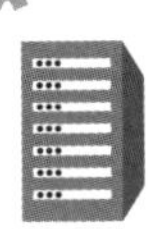

本番環境だけランタイムやライブラリのバージョンが異なったために障害が発生することがある

ランタイムやライブラリを手動で何度もインストールすること自体も手間ですが、構築する時期が異なると、ランタイムのバージョンアップなどによって、常に同じ環境を構築するのがより難しくなります。

○「コンテナ」はアプリケーションに必要なものをまとめた箱

ここまで述べた課題を解決する1つの手法が「コンテナ」です。コンテナとは、アプリケーションやランタイム、ライブラリなど、アプリケーションの動作に必要なものをパッケージ化したものであり、仮想化技術の1つです。仮想化は、物理的には無いものをあたかも存在するように見せる技術のことです。たとえば仮想化技術を使うと、1台の物理サーバー上に、複数の仮想的なLinuxのサーバーを作成するといったことが可能です。

コンテナは、サーバーにインストールされたOSとコンテナを動かすソフトウェアであるコンテナエンジン上でプロセスとして実行されます（図表28-4）。1つの物理サーバーには複数のコンテナを作成することもできます。たとえば、Webサーバーソフトウェアのコンテナと、データベースソフトウェアであるMySQLのコンテナという2つのコンテナを作ることで、Webアプリケーションを構築するといったことも可能です。

なお、P.062で紹介したAWSのEC2でも、「ハイパーバイザー型」と呼ばれる仮想化技術が使われています。コンテナはそれに比べて軽量であり、起動がとても速いという特長があります。

▶ コンテナとは 図表28-4

コンテナ A	コンテナ B	コンテナ C
アプリケーション	アプリケーション	アプリケーション
コンテナエンジン		
ホスト OS		
物理ハードウェア		

プロセス単位でアプリケーションを起動

コンテナはコンテナエンジン上で動作する独立した実行環境

コンテナは、アプリケーションに必要なものをまとめた箱のようなものです。起動が速い・軽量といったメリットがあります。

コンテナはスムーズな開発を手助けする

コンテナは、アプリケーションとランタイムなど、アプリケーションの動作に必要なものが含まれたイメージファイル（コンテナイメージ）から作成します。そしてこのコンテナイメージがあれば、開発環境と本番環境のような異なる環境でも、同じコンテナを作成できます。そのため、アプリケーションの動作環境を複数構築することが、コンテナなら容易に実現できます。

またコンテナイメージではライブラリやランタイムのバージョンを指定することも可能なので、コンテナであれば環境間のバージョンを揃えられる、というメリットもあります。

このように、異なる環境でも実行できる性質を可搬性（ポータビリティ）といいます。コンテナは可搬性がとても高い技術です。

▶ コンテナが持つ可搬性 図表28-5

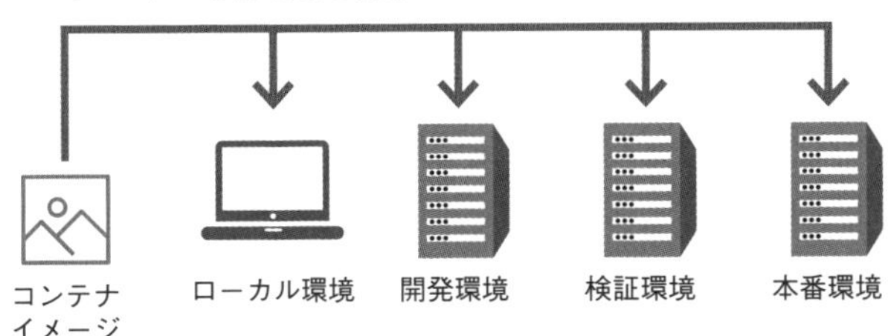

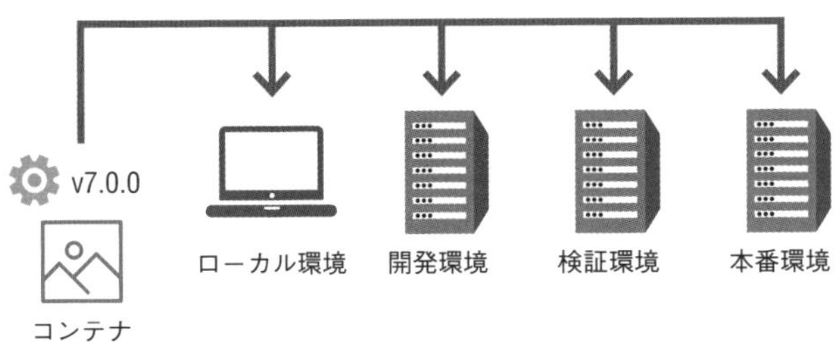

コンテナは可搬性が高いので、同じバージョンの環境を複数作ることが容易

開発環境では動いていたアプリケーションが本番環境では動かない、といったことはよくあります。コンテナはそういったケースを防ぐ1つの手法といえます。

コンテナと似た技術に「サーバー仮想化」がある

コンテナと似た技術に、サーバー仮想化があります。サーバー仮想化とは、仮想化ソフトウェアやP.172で紹介したハイパーバイザーによってCPUやメモリ、ストレージなどのハードウェアリソースを仮想的に作成することで、複数のOSを同一のハードウェア上で実行する技術です（図表28-6）。この仮想的に作られたハードウェアリソースは仮想マシン、仮想マシン上で稼働するOSはゲストOSと呼びます。

一方、コンテナにはホストOSのカーネル機能を用いる必要最小限のリソースがありますが、サーバー仮想化のようなフル機能なゲストOSはありません。あくまでカーネル（OSの中核部分）はホストOSのものを使うことで、ゲストOSのオーバーヘッドを削減しているのです。そのためサーバー仮想化よりコンテナのほうが、起動が速く軽量です。

このような特長があるため、コンテナは近ごろのアプリケーション開発で使われることが非常に多くなっています。

▶ サーバー仮想化とコンテナ 図表28-6

サーバー仮想化に比べてコンテナはゲストOSがない分、オーバーヘッドを削減できる

コンテナは、サーバー仮想化と違いゲストOSを必要とせず、アプリケーションの実行に必要なものだけをまとめてプロセスとして実行できます。そのため、高速に起動し、かつ少ないコンピューターリソースで実行することが可能です。

サーバー仮想化とコンテナの違い

コンテナは初学者には理解が難しい技術なので、もうすこし補足しておきましょう。サーバー仮想化とコンテナはたとえるなら、サーバー仮想化は各部屋がそれぞれ分かれているロッジ、コンテナは泊まるのに最低限必要なものだけを用意したテントのようなものです（図表28-7）。

ロッジの場合、各部屋にキッチンやお風呂、水道などが備わっており、ほかのロッジとそれらを共有しません。またロッジによっては使わない設備も、最初から備わっています。このような特徴は、サーバー仮想化に通じるものがあります。

サーバー仮想化では各仮想マシンでゲストOSを持ち、それらを複数の仮想マシンで共有することはありません。

一方テントの場合、キッチンやお風呂、水道などは、キャンプ場にあるものを共有で使います。またテントは立てたりしまったりが簡単にできます。コンテナはテントに似ています。コンテナではあくまでカーネルはホストOSのものを使うので、複数のコンテナでカーネルは共有しています。またコンテナはアプリケーションに必要なものをまとめた軽量な箱なので、作っては削除することが容易です。

▶ サーバー仮想化はロッジ、コンテナはテントのようなもの 図表28-7

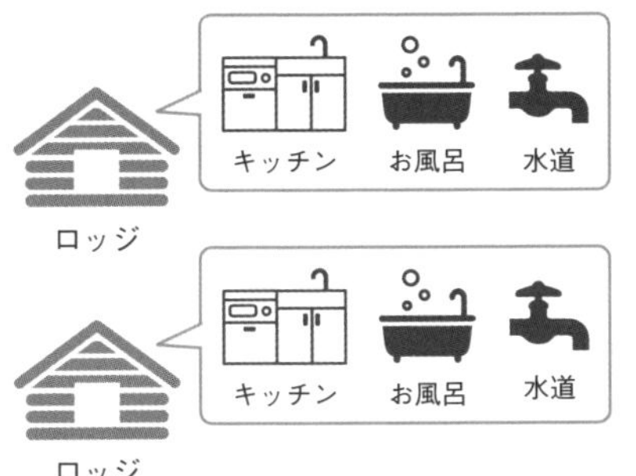

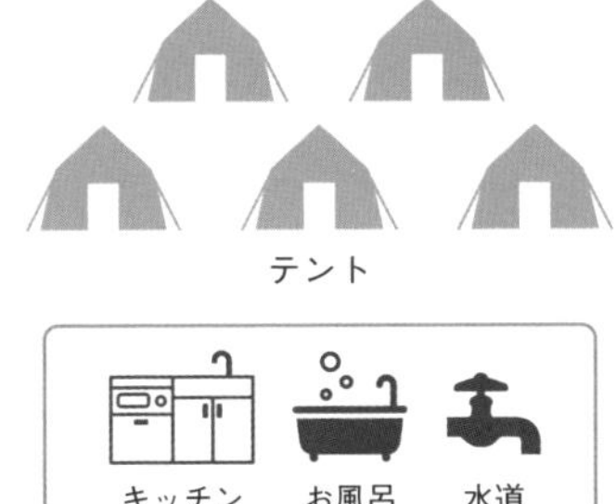

サーバー仮想化はロッジ、コンテナはテントにたとえることができる

ワンポイント　コンテナにもデメリットはある

コンテナは簡単に作成できますが、コンテナ数が増えるほど運用が複雑化するというデメリットがあります。コンテナの運用ではたとえば、どのサーバーでコンテナを何個実行するのかといったコンテナの配置や、障害が発生した際のコンテナの入れ替えといった作業が必要です。この作業は、コンテナの数が多ければ多いほど時間がかかります。このデメリットを解消する手段として「オーケストレーション」と呼ばれるツールを使う方法があります。その点については、P.182で詳細を説明します。

Lesson 29 [コンテナのしくみ]

コンテナのデファクトスタンダード「Docker」

このレッスンのポイント

AWSのコンテナサービスはコンテナの作成・管理に「Docker」と呼ばれるソフトウェアが利用されています。Dockerの概要を押さえておくと、AWSのコンテナサービスが理解しやすくなります。

Dockerとは

コンテナを扱える代表的なソフトウェアに、Docker（ドッカー）　があります。Dockerは2013年にオープンソースとして公開されて以来、多くの開発者に利用されています。コンテナといえばDockerといえるほど、Dockerはコンテナ技術のデファクトスタンダードとなっています。AWSのコンテナサービスでも、コンテナの作成や管理を行うソフトウェアにはDockerが使用されています。

▶ Docker 図表29-1

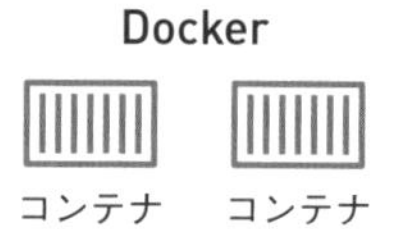

Dockerはコンテナの作成や管理ができるソフトウェア

コンテナやDockerはとても奥が深い技術なので、本レッスンでは、AWSでコンテナを使う場合に最低限知っておきたい内容に絞って解説していきます。

コンテナ作成に必要な「イメージ」

Dockerでコンテナを実行するには、「コンテナイメージ」と「レジストリ」が必要なので順番に紹介していきましょう。

Dockerでは、コンテナのもととなるイメージファイルであるコンテナイメージ（以降、イメージ）を作成し、そのイメージから、コンテナを作成・起動するしくみになっています。イメージは、コンテナ上で動作させるアプリケーションや、アプリケーションの動作に必要なライブラリや設定などを含むファイルであり、コンテナを作成する鋳型（テンプレート）といえます。

このイメージは、Dockerfile（ドッカーファイル）と呼ばれるテキストファイルから作成します（図表29-2）。Dockerfileには、使用するOSやライブラリ、イメージを構築するために必要なコマンドなどを記述します。たとえば、プログラミング言語の1つである「PHP」と、Webサーバーソフトウェアである「Apache」に対して、ローカルのパソコンにあるアプリケーションをコピーしたイメージを作るDockerfileは、（図表29-3）のようになります。

▶ Dockerfile、イメージ、コンテナの関係 図表29-2

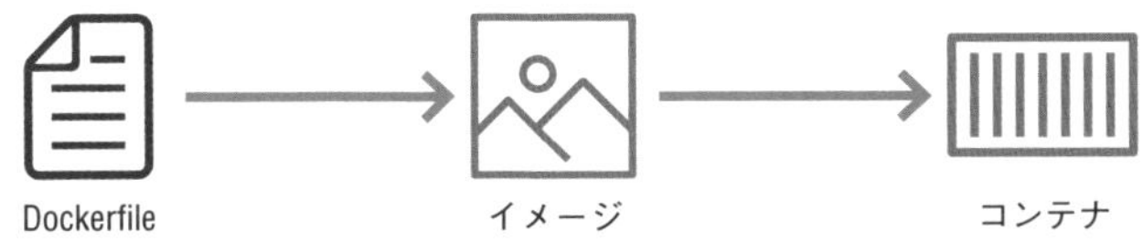

Dockerfileからイメージが作成され、イメージからコンテナが作成される

▶ Dockerfileの記述例 図表29-3

```
FROM public.ecr.aws/docker/library/php:7.4-apache
COPY src/ /var/www/html/
EXPOSE 80
```

Dockerfile には、コンテナで動作させるアプリケーションや、アプリケーションの動作に必要なライブラリなどについて記述します。Dockerfile はイメージの設計書のようなものといえます。

イメージは「レジストリ」に保存する

イメージを保存するサービスまたはサーバーのことを、レジストリといいます。Dockerの利用者は、Dockerfileをもとに作成したイメージをレジストリにアップロードします。このアップロードをプッシュともいいます。そしてコンテナを実行する際は、レジストリにあるイメージをダウンロードします。このダウンロードのことをプルともいいます。

レジストリがあるおかげで、イメージをほかのサーバーに共有できるようになっています（図表29-4）。つまり同じ構成のコンテナを、複数のサーバーで作成することを容易にするしくみが「レジストリ」というわけです。

なお、DockerではDocker Hub（ドッカーハブ）と呼ばれるレジストリサービスが提供されています。Docker Hubには、Docker公式のイメージ（オフィシャルイメージ）やベンダーが作成したイメージなどが登録されています。それらを利用することで、さまざまなコンテナを作成できます。

▶ レジストリはイメージの保存場所 図表29-4

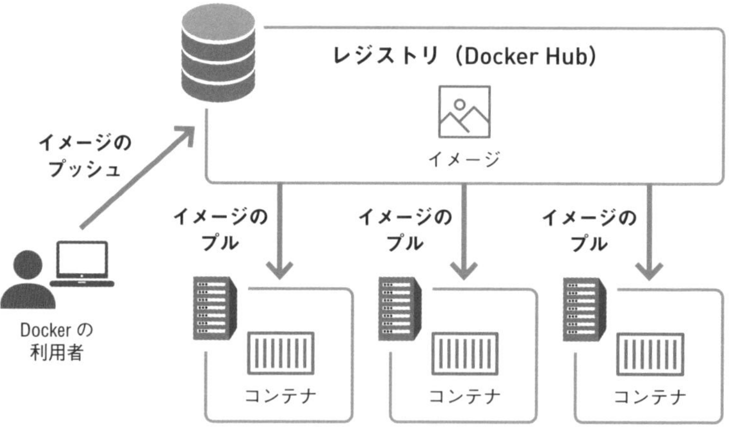

各サーバーでは、レジストリのイメージをプルすることでコンテナを実行する

AWSのコンテナサービスの全体像

AWSでは、AWS上でコンテナを実行、管理するためのサービスが多数提供されています。AWSのコンテナサービスは、コンテナのイメージを格納するレジストリ、コンテナのデプロイやどの環境でコンテナを実行させるかのスケジューリング、負荷にあわせたコンテナのスケーリングなどを管理するコントロールプレーン、実際にコンテナを実行する環境を提供するデータプレーン、という大きく3つの要素で構成されています（図表29-5）。

レジストリを提供するAWSサービスは、Amazon ECRです。そしてコントロールプレーンには、Amazon ECSとAmazon EKSという2つのサービスがあるので、どちらを使うかは目的に応じて選択する必要があります。また、どちらのコントロールプレーンを使う場合でも、データプレーンには基本的にP.062でも解説したEC2、またはAWS Fargate（以降、Fargate）のどちらかを選択します。

本章では、これらのサービスを1つずつ解説していきます。

▶ AWSのコンテナサービス 図表29-5

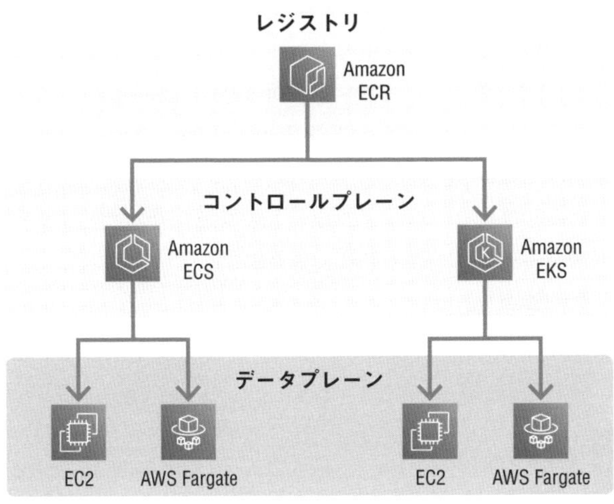

AWSのコンテナサービスは、レジストリ・コントロールプレーン・データプレーンの大きく3つに分かれている

レジストリ、コントロールプレーン、データプレーンそれぞれを担うAWSサービスがどれかを理解しておくと、AWSのコンテナサービスの全体像がつかみやすくなります。

Lesson 30 [AWSのコンテナレジストリ]

イメージを保存する「Amazon ECR」

このレッスンのポイント

Amazon ECRは、イメージの保管と共有を行うレジストリサービスであり、Amazon ECSやEKSと組み合わせてよく使われます。フルマネージドなサービスなので、イメージの管理が容易、高可用性といった特徴があります。

Amazon ECRとは

Amazon Elastic Container Registry（ECR）は、フルマネージドなコンテナレジストリサービスであり、イメージの保存、管理、共有が簡単な設定で行えます。コントロールプレーンを担うAmazon ECSやAmazon EKSと連携させると、ECSもしくはEKSがECRからイメージを取得してコンテナのデプロイを行うといったことが可能です（図表30-1）。ECRはフルマネージドのサービスなので、インフラの管理やストレージ容量の拡大を、利用者が行う必要がないという特徴もあります。

なお、ECRはプライベートなコンテナレジストリとしてサービス提供が始まりましたが、2020年12月に機能追加されたAmazon ECR Public Gallery（https://gallery.ecr.aws/）では、コンテナイメージが、AWSアカウントの有無にかかわらず外部にも共有できるようになりました。

▶ Amazon ECR 図表30-1

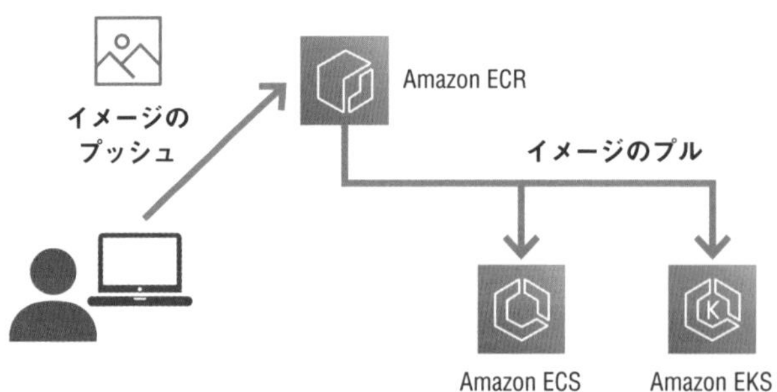

ECRに保存したイメージは、ECSもしくはEKSから取得可能

レジストリと「リポジトリ」の関係

ECRレジストリは各AWSアカウントに1つ提供されます。そしてレジストリ内には、さらにリポジトリと呼ばれる場所があり、イメージはこのリポジトリに保存します（図表30-2）。リポジトリはレジストリ内に複数作成できます。

なお、ECRでは1リポジトリあたりに、最大10,000イメージが保存可能です。

▶ レジストリとリポジトリの関係 図表30-2

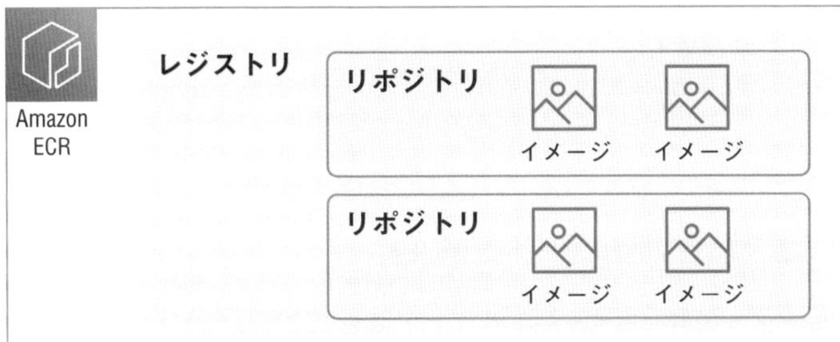

イメージはレジストリ内のリポジトリに保存する

レジストリとリポジトリは言葉が似ていてややこしいですが、レジストリとリポジトリは1：Nの関係であることを押さえておきましょう。

ワンポイント CI/CDで利用する場合

Dockerでは一からイメージを作成するのではなく、Dockerのオフィシャルイメージや、オープンソースプロジェクトやコミュニティが作成したイメージがDocker Hubから取得できます。しかしDocker Hubのイメージは、ユーザー登録（有料プラン）を行わない匿名ユーザーからのイメージ取得には、特定時間あたりの回数制限があります。つまり商用利用する際は、ユーザー登録が必要です。またこの回数制限は、IPアドレスを使用してユーザー認証が行われています。AWSサービスで利用されるパブリックIPアドレスはサービスごとで固定されており、ほかのAWSユーザーも利用しているため、取得回数制限が発生しやすいという課題もあります。

これに対してECRでは、Amazon ECR Public Galleryから、取得回数制限がかかることなく、Dockerのオフィシャルイメージを取得できます。そのためDocker Hubのユーザー登録を行っていない場合に、AWSサービスを使ったCI/CD（P.218参照）を行う際は、Docker HubではなくAmazon ECR Public Galleryを使用することをおすすめします。

Lesson [オーケストレーションの概要]

31 コンテナの管理を行う「オーケストレーション」

このレッスンの ポイント

P.179で紹介した「Amazon ECS」や「Amazon EKS」は、「コンテナオーケストレーション」を行うサービスです。ここではコンテナオーケストレーションとは何かについて学びましょう。

コンテナの運用・管理における課題

コンテナを実行させるサーバーが1つだけだったり、管理するコンテナが少数だったりする場合は、コンテナを手動で管理してもそれほど手間はかかりません。しかし複数のサーバー上にコンテナを展開する場合や多数のコンテナを実行する場合、どのサーバー上にどのコンテナを実行するかといったオペレーションを手動で行うのは、とても煩雑な作業です（図表31-1）。またサーバーやコンテナで障害が発生した際にも手動で対応していては、復旧までに時間がかかってしまうという課題があります（図表31-2）。

▶ **コンテナ管理における課題① 図表31-1**

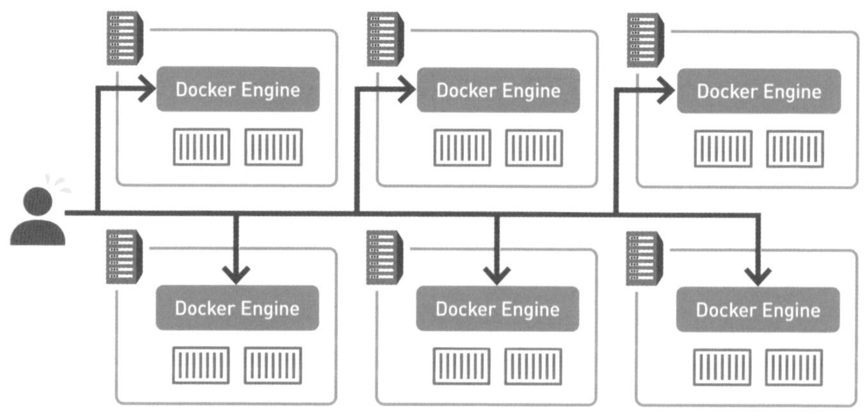

コンテナやサーバーの数が多い場合、手動で各サーバーでコンテナを実行・停止するのは手間がかかる

▶ コンテナ管理における課題② 図表31-2

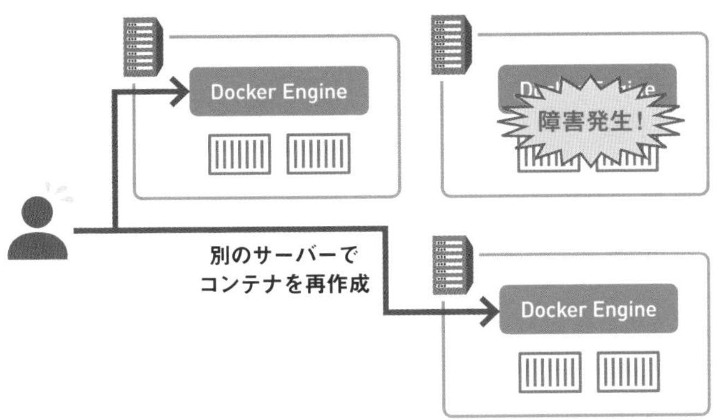

障害発生時に別のサーバーにコンテナを移動または再作成するのを手動で行うと、復旧までに時間がかかってしまう

コンテナの運用を手動で行うのはとても手間がかかります。コンテナの数が増えれば増えるほど、この手間は大きくなります。

コンテナの管理ができる「オーケストレーション」

このような問題を解決するのに利用されるのがコンテナオーケストレーション（以降、オーケストレーション）です。オーケストレーションとは、大量のコンテナを管理するためのツールのことです。オーケストレーションは、コンテナの実行や停止、削除などの基本操作はもちろんのこと、大量のコンテナを管理するのに必要な、コンテナの監視と復旧、スケーリング、デプロイの機能も兼ね備えています（図表31-3）。

AWSでは、Amazon ECSとAmazon EKSという、2つのオーケストレーションサービスが提供されています。

▶ オーケストレーションの主な機能 図表31-3

①コンテナの実行・停止・削除
②コンテナの監視と復旧
③コンテナのスケーリング
④アプリケーションのデプロイ

大量のコンテナを管理するのに使うのが「オーケストレーション」ツール

オーケストレーションの機能① コンテナの実行

オーケストレーションの代表的な機能を順番に紹介していきましょう。まずは「コンテナの実行・停止・削除」です。

オーケストレーションでは、各サーバーにおけるイメージのプル、コンテナの実行・削除・停止を行えます（図表31-4）。サーバー上でコンテナを手動で実行する必要がないので、コンテナが実行されている各サーバーに都度ログインすることなくコンテナを管理できます。

またコンテナで運用するアプリケーションが増えていき、コンテナ数が多くなっても、オーケストレーションが自動で各サーバーへコンテナを配置してくれるため、管理が容易です。

▶ コンテナ実行・停止・削除 図表31-4

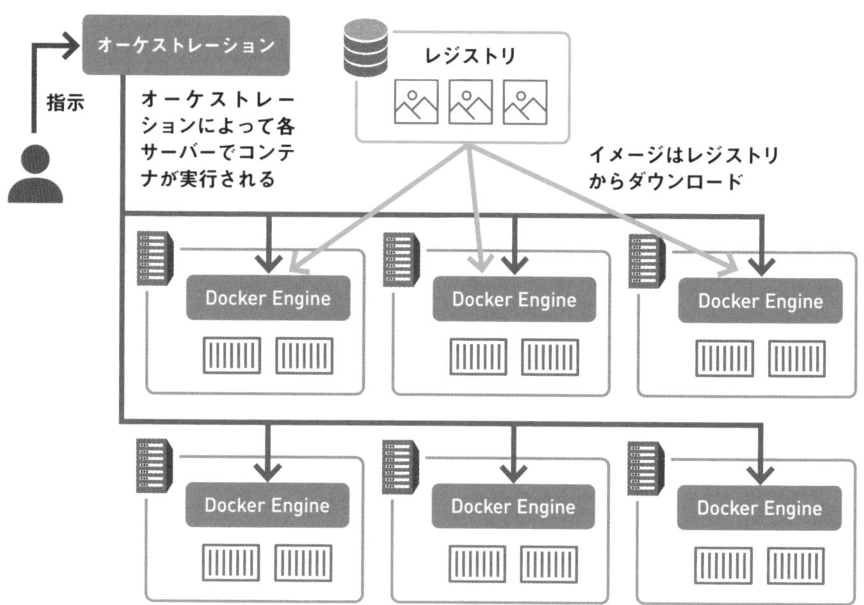

オーケストレーションによってコンテナの配置や実行の管理がしやすくなる

コンテナは、必要なときに必要なだけ作成して実行するものなので、コンテナの実行・停止・削除がオーケストレーションによって管理できれば、日々のコンテナ運用がとても楽になります。

オーケストレーションの機能② コンテナの監視と復旧

オーケストレーションの機能の2つ目は、「コンテナの監視と復旧」です。

オーケストレーションには、実行されるコンテナ数を指定する機能と、コンテナの状態を監視する機能があります。たとえば異常が発生してコンテナが停止した際、オーケストレーションは停止したコンテナの切り離しを行います。そして新たなコンテナを実行し、指定されたコンテナ数を維持します（図表31-5）。これにより、コンテナで実行しているアプリケーションの停止やダウンを防ぐことが可能です。

▶ コンテナの監視と復旧 図表31-5

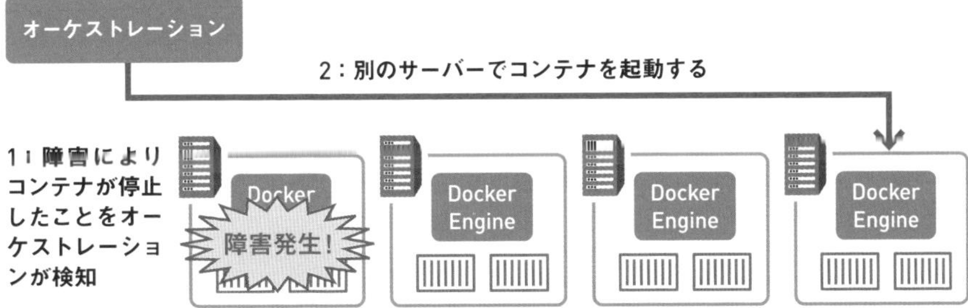

オーケストレーションはコンテナを監視する。障害を検知したらコンテナの切り離しとコンテナの新規作成を行う

オーケストレーションの機能③ スケーリング

オーケストレーションは、コンテナの負荷状況やスケジュール（週末や日中など）にあわせたコンテナ数の増減も自動で行います（図表31-6）。通常時に実行しているコンテナ数で処理しきれない場合、手動でコンテナ数を増やすのではなくオーケストレーションによってコンテナを増やすことにより、手間をかけずに対応できます。

▶ コンテナのスケーリング 図表31-6

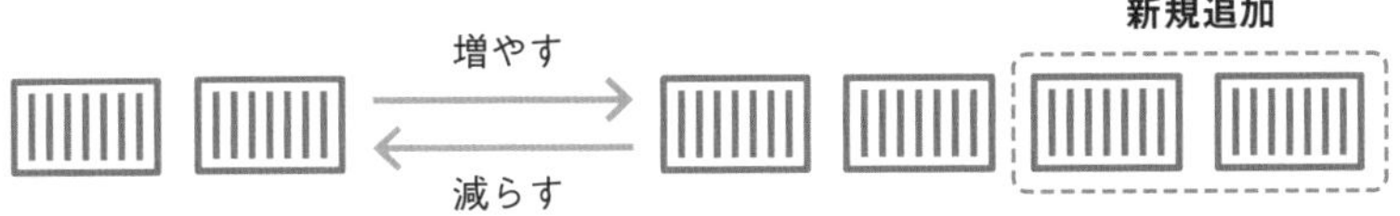

負荷状況やスケジューリングによってオーケストレーションがコンテナを増減する

オーケストレーションの機能④ デプロイ

コンテナで実行しているアプリケーションを新しいものにアップデートしたい場合、実行されているコンテナを停止させて、新しいアプリケーションを反映したコンテナに置き換える必要があります。この作業を手動で実行した場合、コンテナ数が多ければ多いほど手間がかかってしまいます。

オーケストレーションでは、新しいアプリケーションのコンテナを実行し、今まで実行されていたコンテナを停止・削除していきます。このように、アプリケーションで提供しているサービスに影響が出ないようにするために、新旧のコンテナを入れ替えながらデプロイを行う方法をローリングアップデートといいます（図表31-7）。

▶ローリングアップデート 図表31-7

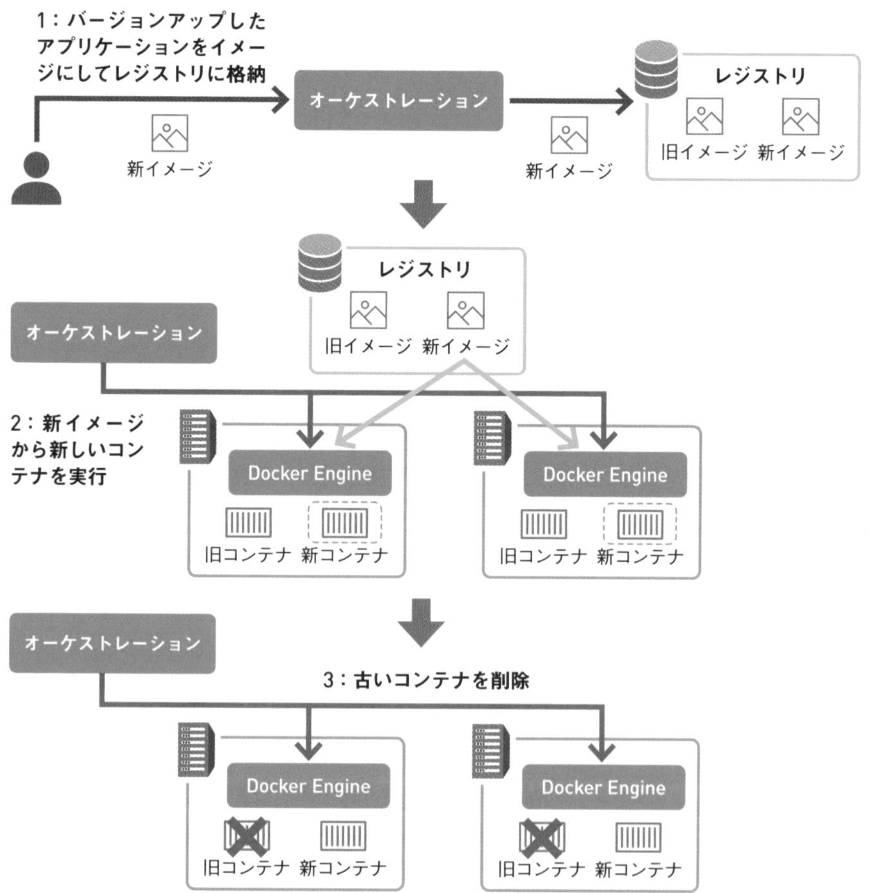

ローリングアップデートによってサービスに影響が出ないようにすることが可能

Lesson 32 [オーケストレーションサービス①]

コンテナを管理する「Amazon ECS」

このレッスンのポイント

Amazon ECSは、ECRから取得したイメージをもとにしたコンテナの実行や停止、スケジューリングやスケーリングを担う、オーケストレーションツールです。ECS独自の用語もあるのでそれらもあわせて解説していきます。

Amazon ECSとは

Amazon Elastic Container Service（以降、ECS）は、フルマネージドなオーケストレーションツールです。AWSのコンテナ環境では、前述したECRでイメージの保管と取得を行います。そして実際にコンテナが起動する環境（データプレーン）としてEC2、Fargate（P.198参照）、オンプレミスのサーバーを選択できます。ECSは、データプレーンとその上で実行するコンテナの実行や停止、管理を担うサービスです（図表32-1）。

またECSは、AWS独自のオーケストレーションツールです。そのため連携できるAWSのサービスが多くあり、新しいサービスや機能との連携も、後述するAmazon EKSよりも比較的早い段階で実装されます。これは、ECSのメリットといえます。

▶ Amazon ECS 図表32-1

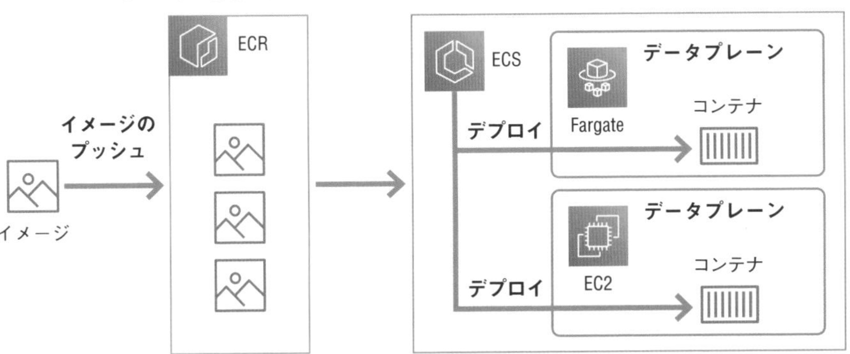

ECSは取得したイメージを用いたコンテナ作成、コンテナの管理を担う

データプレーンの集合体である「クラスター」

ECSではまずクラスターを作成する必要があります。クラスターとは、複数のデータプレーンの論理グループ（まとまり）のことです（図表32-2）。クラスターを作成する際は、データプレーンをFargate、EC2、またはAWS外部のオンプレミス機器のどれにするかを設定します。コンテナは、クラスターで登録したデータプレーン上で実行されます。

データプレーンがEC2の場合は、クラスター作成時に起動させるEC2のインスタンスタイプや、EC2インスタンスの最小起動台数、スケールした際の最大起動数を設定します。

データプレーンとしてFargateを使用したい場合は、クラスターを作成し、後述する「タスク定義」と「サービス」という機能でFargateを設定します。

クラスターは、どのデータプレーンのEC2やFargateでコンテナを動作させるかの実行環境の境界線となります。つまり、アプリケーションA用のクラスターは、アプリケーションB用のクラスターのデータプレーンを使用しないということです。

▶ECSのクラスター 図表32-2

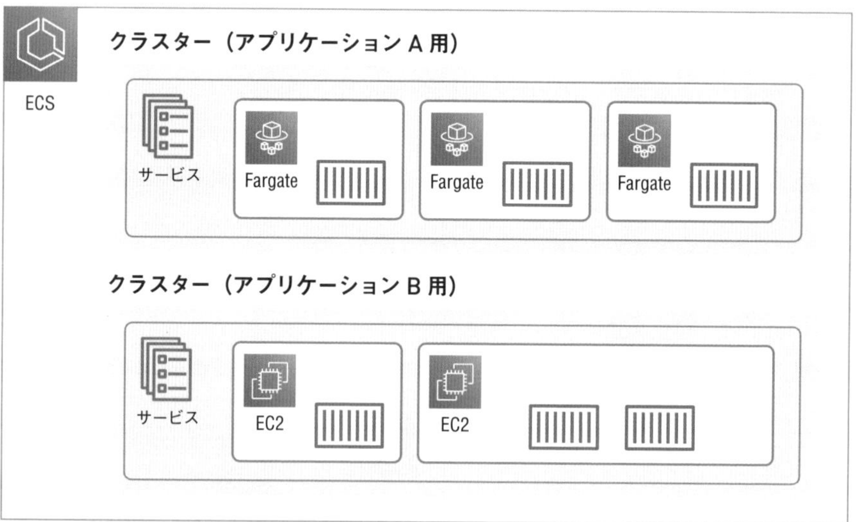

クラスターは複数のデータプレーンの集合体

クラスターではデータプレーンの設定を行いますが、この後説明するタスクの定義でもデータプレーンの設定を行うことになります。そのため少々混乱しやすい面がありますが、クラスターとタスク定義とは何かは把握しておきましょう。

コンテナ実行に必要な「タスク定義」

ECSを使うには「タスク定義」と「サービス」という用語も押さえておく必要があるので、順番に解説しましょう。

ECSでは、タスク定義の設定をもとに、コンテナが「タスク」として実行されます（図表32-3）。タスクは、1つ以上のコンテナから構成され、アプリケーションの実行単位となります。

タスク定義は、タスクを作成するテンプレートであり、JSON形式で記述します。

タスク定義では、使用するイメージ、各コンテナで使用するCPUとメモリ量、データボリュームを指定します。タスク定義のパラメータは、EC2やFargate、外部インスタンスによって設定できる項目が異なるため、タスク定義でも「起動タイプ」としてEC2もしくはFargate、外部インスタンスを選択します。またこの起動タイプで選択した環境でタスクが実行されます。

▶ タスク定義とタスク 図表32-3

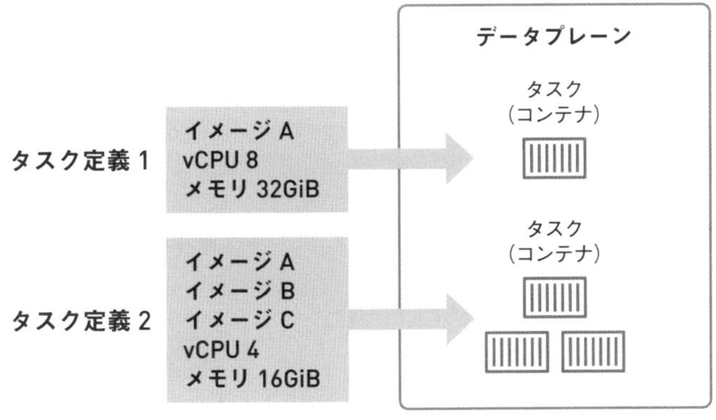

タスク定義は、作成するコンテナの設定などを記述するファイル。それをもとにコンテナは実行される

ECS ではコンテナは「タスク」として実行されるので、用語を覚えておきましょう。

ワンポイント タスク定義とDockerfileは何が違う？

タスク定義とDockerfile（P.177参照）が同じもののように感じる方もいるかもしれませんね。Dockerfileはあくまでイメージを作成するためのファイルです。一方、タスク定義はコンテナを起動するためにどのイメージを使用するかやコンテナを実行するためのCPU、メモリといった各種リソースや環境について定義するファイルです。

タスク(コンテナ)の数を維持する「サービス」

ECSのサービスとは、クラスターで必要な数のタスクを指定するための機能です。ECSでは、クラスターの中に「サービス」があり、「サービス」の中には複数のタスクがあるという構造です。

たとえば、アプリケーションの負荷分散用として3つのタスクを維持したい場合、「サービス」に「3」と指定します。そうすると、1つのタスクが何らかの理由で起動に失敗または停止したら、「サービス」がタスク定義に基づいて新しいタスクを起動させます(図表32-4)。つまり「サービス」によって、コンテナの監視と復旧を行い、設定した数のタスクを維持できます。

▶ ECSにおける「サービス」 図表32-4

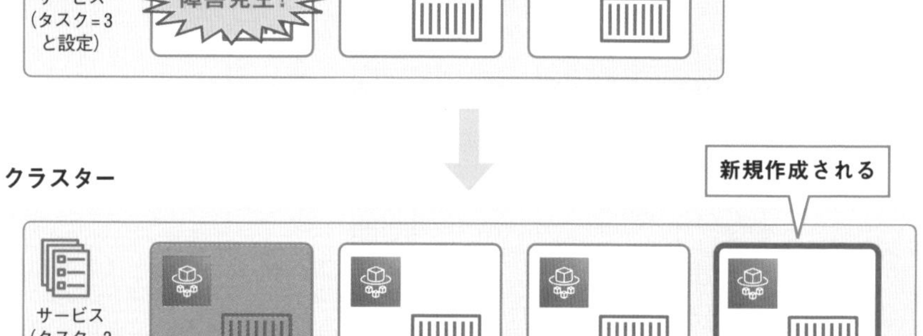

コンテナに障害が発生した場合、「サービス」によってコンテナの数が維持される

ワンポイント ECSのデプロイ機能

ECSでは、現行のコンテナを新しいコンテナに順次置き換える、ローリングアップデート(P.186参照)が提供されています。ローリングアップデートを利用すると、コンテナ上のアプリケーションが提供するサービスを中断することなく、新しい機能のリリースを行えます。また第6章で紹介する「AWS CodeDeploy」を利用することで、Blue/Green方式のデプロイ(P.230参照)も利用できます。

Lesson 33 [オーケストレーションサービス②]

AWSで利用できるKubernetes「Amazon EKS」

このレッスンのポイント

Amazon EKSは、AWS上でKubernetesを実行できるマネージドサービスであり、Kubernetesは有名なオーケストレーションツールです。Kubernetesの概要からはじめ、EKSの概要や機能を解説していきましょう。

Kubernetesとは

Kubernetes（クーベネティス）は、コンテナのデプロイ、スケーリング、管理を行うためのオーケストレーションツールです（図表33-1）。Kubernetesは、頭文字のKと末尾のsの間に8文字あることから、K8sと略されもします。また名称はギリシャ語に由来し、操舵手やパイロットを意味しています。

Kubernetesは、Googleが2014年にKubernetesプロジェクトをオープンソース化したもので、大企業を中心に利用されています。また、ソフトウェア開発コミュニティに関する調査会社「SlashData」によると、2022年2月には530万人の開発者がKubernetesを利用していると発表されています。Kubernetesではコミュニティ活動も活発なため、公式のドキュメント以外にKubernetesのユーザーが書いたブログなど、多くの情報があります。このあと解説するEKSがリリースされる以前から、数多くのEC2にKubernetesがインストールされて利用されています。

▶ Kubernetesはオーケストレーションツール 図表33-1

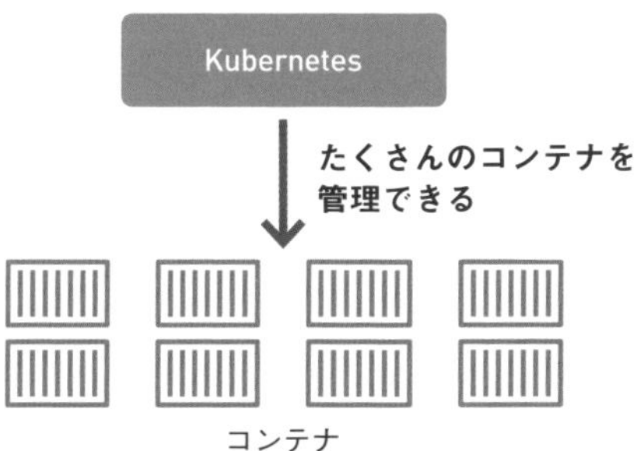

Kubernetesはオーケストレーションツールなので、複数コンテナの管理がしやすくなる

Kubernetesの機能と特徴

Kubernetesでは、コンテナの実行・停止・削除はもちろんのこと、負荷に応じてコンテナを自動でスケーリングさせることが可能です。また、新しいアプリケーションにアップデートする際にシステムを止めることなくデプロイしたり、障害時にコンテナを自動復旧したりする機能も用意されています。

Kubernetesはオープンソースなので、世界中で開発が進められています。そのため機能も多く、設計更新およびバグ修正などのため、約3ヶ月に1回のペースでアップデートが行われています。

なおKubernetesでは、負荷にあわせたコンテナの増減（スケーリング）などを管理する「コントロールプレーン」のことをマスターノード、実際にコンテナを実行させる環境である「データプレーン」のことをワーカーノードと呼びます（図表33-3）。

▶ Kubernetesの主な機能 図表33-2

コンテナの実行・停止・削除	各サーバーへのコンテナの配置	ローリングアップデート
負荷分散	コンテナの監視	コンテナの自動復旧

Kubernetesではコンテナの実行や管理を担うさまざまな機能が提供されている

▶ マスターノードとワーカーノード 図表33-3

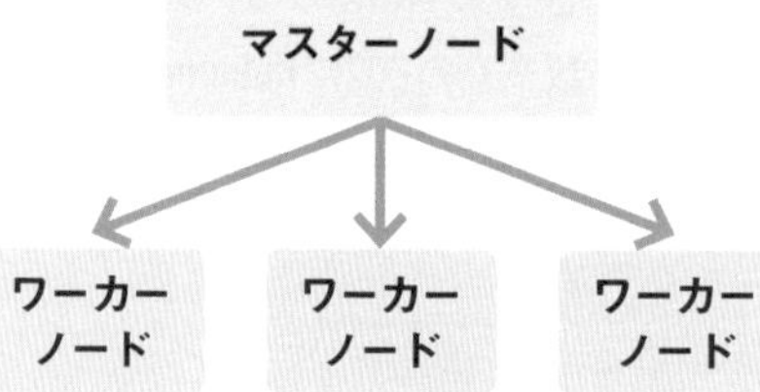

Kubernetesではコンテナの実行環境をワーカーノード、ワーカーノードの管理はマスターノードが担う

EKS がリリースされる前は、多くの利用者が EC2 上で Kubernetes を構築し利用していましたが、EKS によって導入時の手間や運用などの負荷も軽減できるようになりました。

Amazon EKSとは

Amazon Elastic Kubernetes Service (Amazon EKS) は、AWS上でKubernetesを実行できるマネージドサービスです。 通常Kubernetesを利用する際は、マスターノードへKubernetesをインストールすることで保守・運用を行います。一方EKSはマネージドサービスのため、インフラはAWSが管理します。そのためKubernetesのインストールもAWSが実施してくれます。EKSではワーカーノードに、ECSと同じくEC2、Fargate、オンプレミスのいずれかを選択できます。

またEKSは複数のAZで稼働するため、高可用性を実現します（図表33-4）。そして負荷に応じたスケーリングや、障害が発生した際のインスタンスの置き換えが、自動で行われるのもメリットです。

▶ Amazon EKS 図表33-4

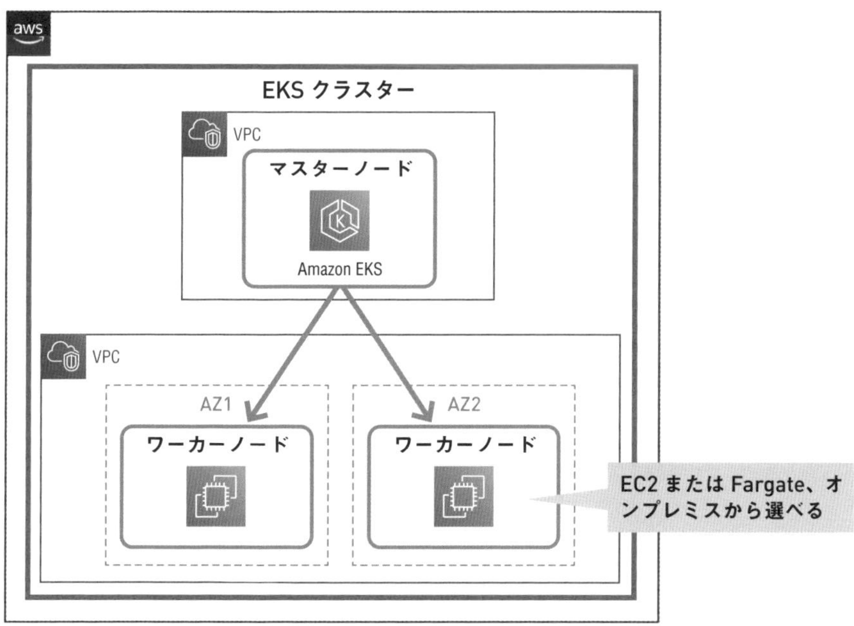

EKSでも「ワーカーノード」「マスターノード」という用語を使う。ワーカーノードはEC2やFargate、オンプレミスから選べる

ECS と EKS では、使用される用語が少々異なります。その点を意識して学習を進めていきましょう。

EKSの利用時に押さえておきたいポイント

EKSを利用する際に知っておきたい点が大きく3つあるので、紹介しておきましょう。

1点目は、学習コストです。Kubernetesは、ECSと比べて機能が多く細かな設定ができますが、その分Kubernetesの知識が必要になってきます。また、EKSを運用するという点においても、ECSと比較するとEKSのほうが学習コストが高くなります。

2点目は、バージョンアップについてです。EKSはマネージドサービスなのでインフラ自体の管理は不要ですが、Kubernetes自体は約3ヶ月に一度のアップデートがあります。そのため、それにあわせてEKS自体のバージョンアップが必要です。つまり、Kubernetesのバージョンアップに追随する作業コストが発生します。

3点目は、料金についてです。ECSでは、コンテナが実行されているEC2もしくはFargateに対して料金が発生します。一方、EKSではEC2もしくはFargateに対しての料金とあわせて、コントロールプレーンであるEKSのマスターノードに対しても稼働している時間で料金が発生します。

▶ EKSを利用する際の注意点 図表33-5

学習コストが高い

ECS EKS

バージョンの追随が必要

Kubernetes 1.23 → 1.24 → 1.25

EKS 1.23 → 1.24 → 1.25

コントロールプレーンの料金がかかる

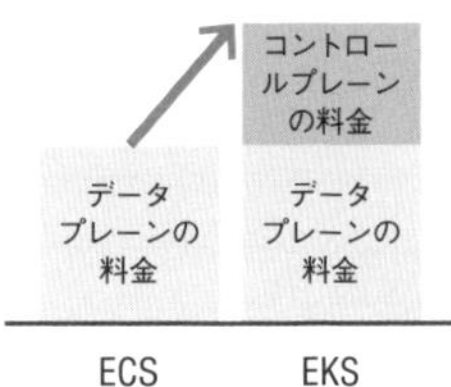

ECS EKS

EKSには「学習コストが必要」「バージョンの追随が必要」「コントロールプレーンの料金がかかる」という点があるので、EKSを利用する際はその点を踏まえて検討の必要がある

以前は、EKS クラスター 1 つあたり 1 日 4.8 ドル程度の料金が発生していましたが、2020 年 1 月にクラスターの料金が半額になるという値下げが発表されました。そのため現在は、1 日あたり 2.4 ドルです。とはいえ、1 ヶ月利用すると 72 ドル程度かかるので、EKS を利用する際はコストをしっかり管理する必要があります。

Kubernetesのしくみ①「クラスター」

ここからはKubernetesのしくみと用語について紹介していきましょう。

EKSを利用するには、まずクラスター（Cluster）を作成します。クラスターとは、コントロールプレーンであるEKSとコンテナ（ポッド）を実行するワーカーノードの、論理グループ（まとまり）のことです。このクラスターにワーカーノードを追加することにより、ワーカーノード上のポッドをEKSから管理できます。ワーカーノードやポッドは、このクラスターの単位で管理します。

Kubernetesのしくみ②「ポッド」

Kubernetesでコンテナを管理、作成する最小単位をポッド（Pod）といいます。ポッドは、コンテナだけではなく、コンテナで利用するネットワークやボリュームもセットになったものです（図表33-6）。ボリュームとは、データを永続化するためにコンテナのデータを保存する記憶領域のことです。

基本的には、1つのポッドは1つのコンテナで構成されます。しかし、1つのポッドに複数のコンテナを含む構成（サイドカーコンテナと呼ぶ）も可能です。

▶ ポッドはコンテナ管理の最小単位 図表33-6

基本的に、1つのポッドは1つのコンテナで構成される。あわせてボリュームやコンテナで使うネットワークも含まれている

ポッドはECSでいうと「タスク」と同等のものです。

NEXT PAGE →

Kubernetesのしくみ③「レプリカセット」と「デプロイメント」

レプリカセット（ReplicaSet）はポッドの上位にあたるリソースで、維持したいポッド数を設定するためのものです。そしてレプリカセットの上位にはさらに、デプロイメント（Deployment）というリソースがあります。デプロイメントは、レプリカセットの設定に基づいてポッド数の維持を行います。

たとえばアプリケーションを維持するための負荷分散用として最低3つのポッドが必要な場合は、レプリカセットに「3」と設定します。するとデプロイメントは、ポッドが3つ起動するよう維持します（図表33-7）。またデプロイメントは、ポッドを起動させているワーカーノードに障害が発生した場合は、別のワーカーノードにポッドを再作成できます。

また、デプロイメントは、複数のレプリカセットの管理や、ポッドを更新する際のローリングアップデート（P.186参照）も司ります。

▶ デプロイメントによるポッド数の維持 図表33-7

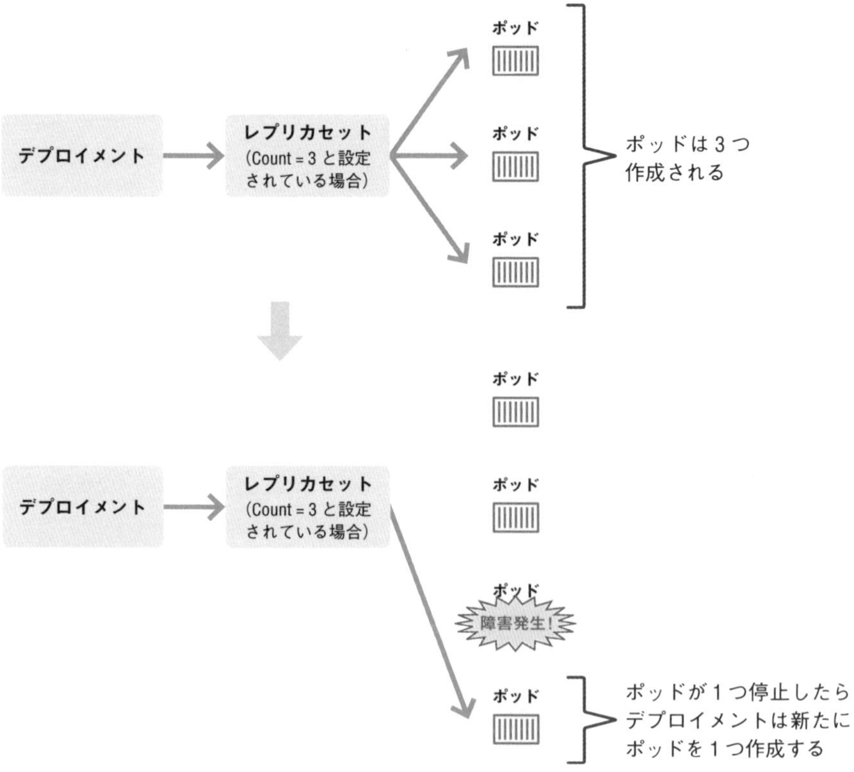

レプリカセットの設定に基づいてデプロイメントがポッド数の維持を行う

EKSの操作を行うコマンド

EKSの操作には、eksctlとkubectlという2つのコマンドを使います。そのためEKSを使う際は、自分のパソコンやEC2を開発環境として用意し、その開発環境にeksctlとkubectlをインストールします。eksctlとkubectlは、利用するEKSのバージョンとあわせる必要があるので、インストールの際は注意しましょう。

eksctlでは、EKSにおけるクラスター自体の作成と管理を行います。一方kubectlはKubernetesと通信するためのものであり、ポッドの作成や削除などを操作するために必要なコマンドです（図表33-8）。

▶ kubectlとeksctl 図表33-8

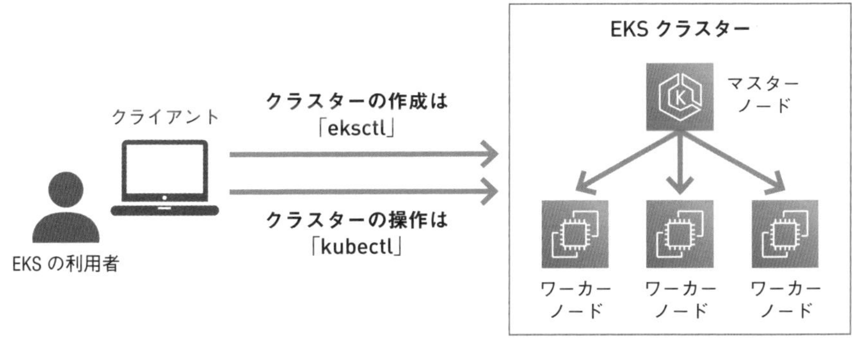

クラスター自体の作成と管理はeksctl、作成したクラスターの操作はkubectlで行う

▶ eksctlのインストール方法 図表33-9

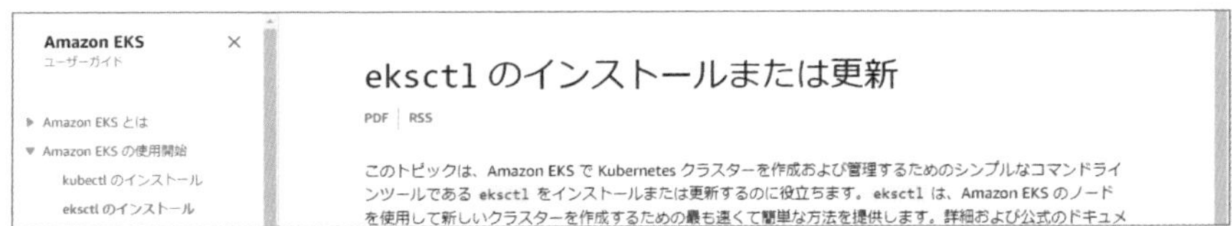

eksctlをインストールする際は「https://docs.aws.amazon.com/ja_jp/eks/latest/userguide/eksctl.html」を参照

▶ kubectlのインストール方法 図表33-10

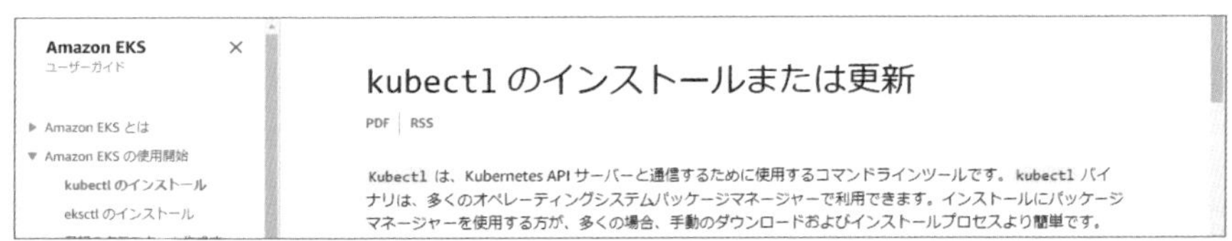

kubectlをインストールする際は「https://docs.aws.amazon.com/ja_jp/eks/latest/userguide/install-kubectl.html」を参照

Lesson 34 [AWSのデータプレーン]

コンテナの実行環境「AWS Fargate」

このレッスンのポイント

AWSでは、コンテナを実行する環境としてEC2とFargateが選択できます。EC2については第2章で解説しているので、ここではFargateについて紹介します。Fargateを使うと、インフラ管理の工数を削減できます。

AWS Fargateとは

AWSでコンテナを利用する際は、コントロールプレーンにはECSかEKSのどちらかを選択します。そしてデータプレーンには、EC2もしくはAWS Fargateを指定できます。AWS Fargate（Fargate）とは、サーバーの管理なしでコンテナを実行するコンピューティングサービスです。マネージドサービスのため、EC2で行うような、プロビジョニングやスケールの管理、脆弱性対応のためのパッチ適用やOSのアップグレードといった作業が不要です。

EC2では、実行するコンテナ全体でどの程度のリソースが必要かを見積もりしたうえで、インスタンスタイプや起動するEC2の台数を決定します。そして新たなコンテナを実行する際、すでに実行されているインスタンスだけではリソースが足りない場合は、新しくEC2のインスタンスを追加し、その後にコンテナが実行されます。

一方Fargateであれば、コンテナの実行に必要なCPU、メモリ量を選択するだけです。また、コンテナの負荷やジョブキューの数に応じてコンテナ数を増やします。Fargateはサーバーレスサービスでありインスタンスの管理は不要のため、EC2のようにサーバーの増減を気にすることなく、スケーリングが可能です。

Fargateを使う際の注意点

インフラ管理の工数が減るといっても、Fargateがすべて解決してくれるわけではありません。Fargateでは、EC2のようにOSにログインしてカーネルパラメータを設定するといった細かい設定はできないので、特殊な要件がある際は不向きな場合があります。またFargateでは、ECSで説明した「タスク定義」の一部が無効、もしくは有効でも制限がかかっているものがあります。そのためデータプレーンにFargateを選択する際は、事前に確認が必要です。

またEC2と比べると、Fargateの料金は少し割高です。EC2の場合は、第1章でも紹介したとおりリザーブドインスタンスやスポットインスタンス、Savings Plansが利用できるのに対して、FargateはSavings Plansのみ利用可能なので、EC2のほうが柔軟に購入方法を選択できます。そのためどちらを利用するかは、コストも含めて検討する必要があります。

▶ EC2とFargateにおける利用者の管理範囲 図表34-1

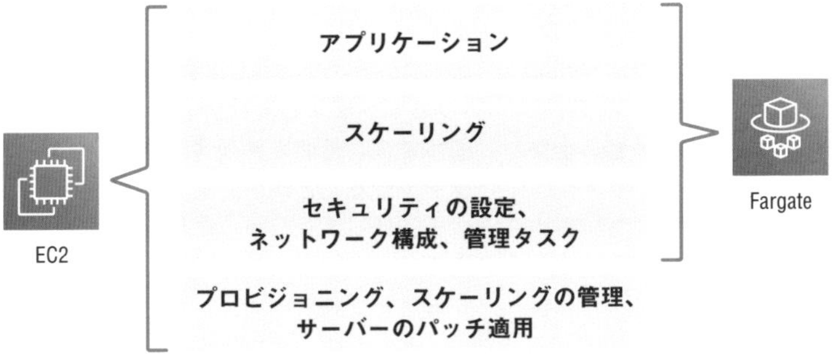

EC2とFargateでは、Fargateのほうがインフラ管理の工数を減らせる

Fargateを利用する場合は、運用面や設計、コストを事前に確認しましょう。

ワンポイント コンテナをオンプレミスで実行したい場合は

コンテナの実行環境にはEC2とFargate以外に利用者のオンプレミス環境も指定できますが、本書では詳細な説明を割愛しています。オンプレミス環境でコンテナを実行したい場合は、Amazon ECS AnywhereもしくはAmazon EKS Anywhereを調べてみましょう。

COLUMN

高負荷対策に役立つ「コンテナ」

筆者がキャリア通信会社でサーバー構築を行っていたときのことをお話ししましょう。お正月になると、いわゆる「あけおめメール」が大量に送信されます。そのため、通常時のサーバー台数では「あけおめメール」を処理しきれず、サービスが停止する可能性があります。これは毎年予想できる利用量の増加なので、大晦日にあらかじめ、普段はWebサーバーとして活用しているサーバーのうち一部のサービスを停止させ、かわりにメールのサービスを起動させることで、メールサーバーの台数を増やしていました。このように、複数のサービスを1つのサーバーに前もってインストールしておき、予想できる負荷にあわせてサーバーのサービスを切り替えることで、サービス全体が停止することを防いでいたのです。

しかしこの方法には、主に2つの難点があります。1つ目は、サービスの切り替え自体は手動で実施するため、作業ミスのリスクがあるという点です。そして2つ目は、複数サービスを1つのサーバーにインストールするため、単一のサービスを稼働させるよりも脆弱性によるセキュリティリスクが増加する点です。たとえば、1つのサーバーにメールサービスとWebサービスをインストールした場合、普段は使わないメールサービスに脆弱性が出た場合でも対応する必要があり、パッチ適用などの手間も増えます。

このような場合に、コンテナはとても適した技術です。コンテナは、本章で解説したとおり、起動が速く、作成と削除が容易なのが特徴です。そのためスケーリングしやすく、「あけおめメール」のような、想定している以上の処理能力が一時的に必要なときに役立ちます。

またコンテナでは、1つのコンテナには1つのサービスしか稼働させないのが基本です。そのためセキュリティリスクを下げることが可能です。そしてコンテナはイメージから実行するので、変更したい際はもとのイメージを修正することで新しいイメージを作成します。そのため、メンテナンスもはるかに楽になり、先ほど述べた2つの難点を解消する1つのアプローチとなります。

▶ **コンテナによる高負荷対策** 図表34-2

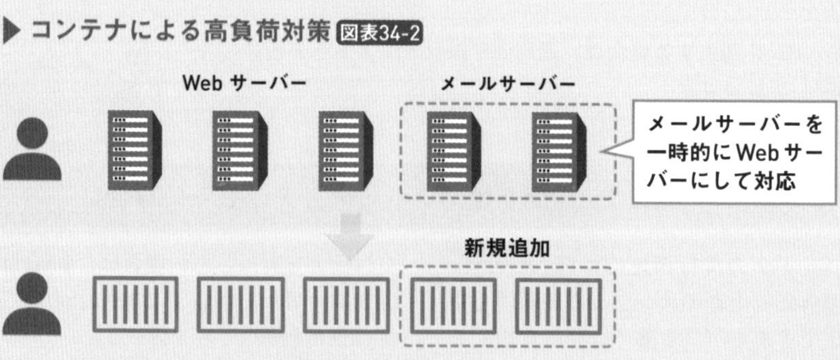

コンテナは一時的なリソースの追加に役立つ技術

Chapter 5
クラウドで用いる開発手法

ここからは、クラウドを使った開発では、どのように開発を進めることが多いかについて学びましょう。また、クラウドが開発手法にどのような影響を与えたかもあわせて紹介していきます。

Lesson [ウォーターフォール型開発]

35 従来の開発手法「ウォーターフォール」

このレッスンのポイント

クラウドを用いたシステム構築では、「アジャイル」と呼ばれる開発手法がよく使われます。その理解のためにはまず、従来の開発手法とも呼べる「ウォーターフォール型開発」について押さえておく必要があります。

開発手法の1つである「ウォーターフォール」

システムやアプリケーションを開発する手法の1つに、ウォーターフォール型開発があります。後述する「アジャイル開発」という手法に比べると古いものですが、現在も多くのプロジェクトで使われている手法です。ウォーターフォール型開発では、システム開発に必要な作業を、顧客の要望やシステムに必要な機能を整理する「要件定義」、その要件をもとにシステムを設計する「基本設計」「詳細設計」を経て、「実装」「テスト」を行うといった、いくつかの工程に分けて順番に進めていきます。工程を順番に、つまり上から下に水が流れるように開発していくことから、ウォーターフォール（Waterfall＝滝）と呼ばれています。

ウォーターフォールは、「作るものを決める」「作るものに必要な機能を決める」「実際に作る」「テストする」という流れで行うので、作るものが明確な場合は無駄の少ない開発手法です。また、「要件定義」「設計」「実装」「テスト」というそれぞれの工程を順番につないでいくことからリレーにもたとえられることもあります（図表35-1）。

▶ウォーターフォール型開発 図表35-1

ウォーターフォール型開発はリレーにたとえられる

Chapter 5 クラウドで用いる開発手法

ウォーターフォール型開発の特徴

ウォーターフォール型開発では、要件定義や基本設計といった上流の工程で、すべての機能や具体的なユーザーインターフェース（UI）を決めます。そのため全体像がつかみやすく、後工程で作業する人にとってわかりやすいというメリットがあります。

また、要件定義や基本設計、詳細設計という各工程を終えなければ、次の工程に進めないのもウォーターフォール型開発の特徴です。着実に1工程ずつ積み上げていくスタイルなので、不具合がある場合に伴うリスクが高かったり多額の投資が必要になったりするシステム、たとえば銀行の基幹システムや医療系システム、交通や通信システムなどの開発に向いています。

ただし、上流工程で作るものを明確に決めてから実装やテストを行うため、途中で仕様変更が発生した際に工程の後戻りが難しいというデメリットもあります（図表35-2）。

▶ ウォーターフォール型開発の特徴 図表35-2

1工程ずつ積み上げていく

要件定義	基本設計	詳細設計	実装	テスト

工程の後戻りが難しい

各工程を着実に積み上げていくのが「ウォーターフォール」。それゆえに前工程へ戻ってやり直すことは難しい

たとえば、銀行口座の残高が変わる、信号が青から赤に切り替わらないといった、不具合が発生した際にリスクの大きいシステムでは、1工程ずつ着実に積み上げていく、ウォーターフォール型開発が向いているといえます。

Lesson ［アジャイル開発］

36 クラウドと相性がよい開発手法「アジャイル」

このレッスンのポイント

次は、ウォーターフォールに比べると新しいといえる、アジャイル開発について解説します。アジャイル開発はクラウドとの相性がよい開発手法なので、クラウドを使った開発でよく導入されます。

アジャイル開発とは

短い期間の中で計画・実装・デプロイを行うことで、システムや機能をリリースする開発手法のことを、アジャイル開発といいます（図表36-1）。ウォーターフォール型開発のように上から下へ順番に作業を行うのではなく、短い間隔でリリースを繰り返しながら進めるので、反復型開発とも呼ばれています。

なおアジャイルとは、「機敏である」や「敏捷である」という意味の「Agile」に由来しています。

▶ アジャイル開発とは 図表36-1

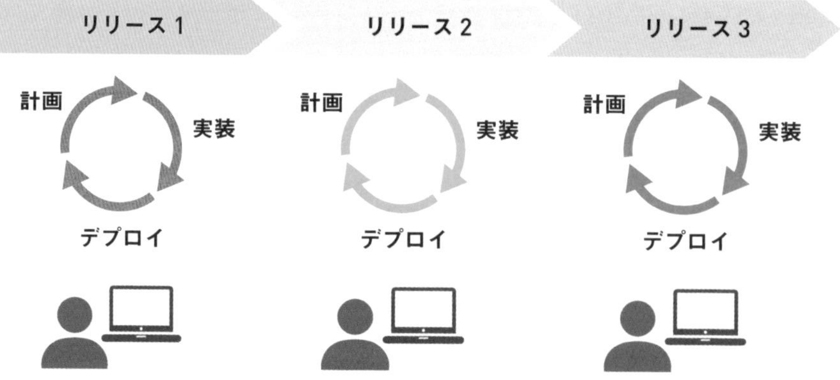

計画・実装・デプロイを短期間で繰り返す手法

アジャイル開発が必要な理由

アジャイル開発で「短い間隔でリリースを繰り返す」のはなぜかというと、システムやアプリケーション開発の発注元である顧客の要望がますます多様化しており、最初の段階で計画した内容だけで顧客のニーズを的確に捉えることが難しくなっているためです。また、競合他社による新サービスのリリース、税率の変更といった制度・法の改正、新しい技術の登場、ソフトウェアの脆弱性の発見といった、外部要因や当初は予期していなかったことに対応しながら開発を行う必要性が増している点も、理由の1つです。P.202で、ウォーターフォール型開発はリレーにたとえられると説明しましたが、アジャイル開発はリレーのような、ゴールが確定したものに向けて工程ごとに開発を進める手法ではありません。図表36-2のような、顧客ニーズや外部環境を見ながら柔軟に動く、フィールド上で相手にあわせて動くゲームのようなイメージです。

▶ アジャイル開発はたとえるならフィールドゲーム 図表36-2

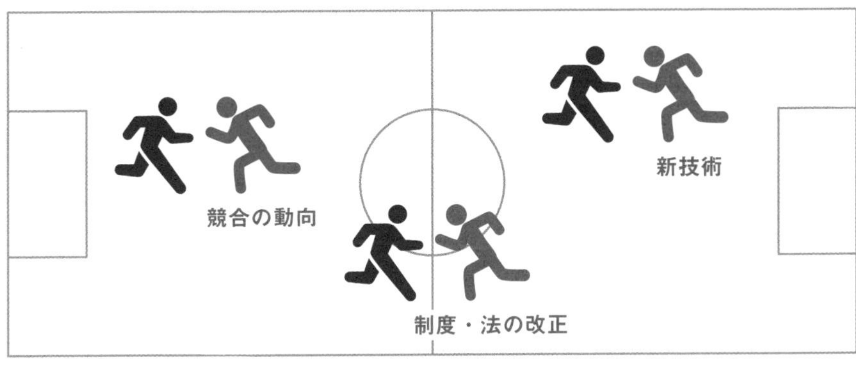

サッカーやラグビーのように、相手や外部要因にあわせて柔軟に動くのがアジャイル開発

筆者の勤務先でも、工程を順番に行うのではなく、顧客からのフィードバックや市場の動向、問題点、アイデアを２週間単位で確認し、次の２週間でどのようなことを行うかを決める、という進め方をしています。

クラウドなら「素早く始められる」

アジャイル開発とクラウドを組み合わせると、アジャイル開発のメリットを最大限に活かせます。クラウドのどういった点がアジャイル開発に向いているのか、順番に紹介しましょう。まずは、クラウドの「すぐに使い始めることができる」という特徴です（図表36-3）。オンプレミスでは、物理サーバーやネットワーク機器などを購入してから利用できるまでに1〜4週間、場合によっては数ヶ月かかることもあります。クラウドなら、初期投資が不要ですぐに利用が可能ですね。AWSなら、サーバーやネットワークだけではなく、ストレージやデータベースなども提供されているので、簡単に利用を開始できます。

このクラウドの特徴は、アジャイル開発の「短期間で計画・実装・デプロイを行う」を容易にします。

▶「すぐに使い始めることができる」という特徴 図表36-3

オンプレミスの場合		クラウドの場合
サーバー購入	利用開始	利用開始（EC2）

クラウドの「すぐに使い始めることができる」点はアジャイル開発に向いている

アジャイル開発を行ううえで、決められた短い間隔で新しいリリースを行うには、第3章で紹介した「Lambda」や「API Gateway」、第4章で紹介したコンテナサービスを利用するのがおすすめです。

クラウドなら「簡単に試せる」

クラウドなら、現在の環境をコピーして新しい環境を用意するのも容易です（図表36-4）。これは、新しいアイデアが生まれたときや、機能の拡充やアップデートをしたい場合に、新しい環境を使ってそれらを簡単に試せることを意味します。この特徴も、アジャイル開発の「短期間で繰り返す」を容易にします。

▶「簡単に試せる」という特徴 図表36-4

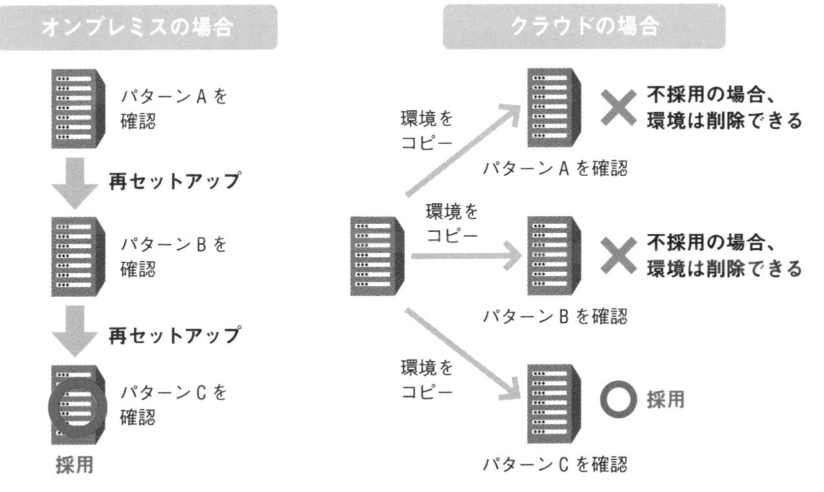

クラウドなら新しい環境の作成も容易なので複数のパターンも試しやすい

クラウドなら「開発そのものに集中しやすい」

クラウドならサーバーのスケールアップ／ダウンが容易です。たとえばAWSなら、スケールアップ／ダウンは設定変更のレベルで簡単に行えます。

また、クラウドならネットワークやハードウェアなどの管理をクラウドプロバイダーが行います。たとえば、AWSならEC2などのサービスでは、インフラの管理をAWSが行います。そしてマネージドサービスなら、キャパシティーだけではなく、パッチ適用や、障害対応、バックアップといった運用面もAWSに任せられます。そのため、開発する際のさまざまな考慮事項が減り、開発そのものに集中しやすくなります。

このようなクラウドの特徴は、アジャイル開発との相性がよく、開発スピードをより高めることができます。

Lesson [DevOps]

37 アジャイル開発を成し遂げるための手法

このレッスンのポイント

アジャイル開発を成し遂げるために、あわせてよく導入される「DevOps」という手法があります。ここでは、このDevOpsについて見ていきましょう。また、DevOpsとクラウドの関連性についても紹介します。

リリース作業に関して生まれたニーズ

顧客のニーズや競合他社の動きにあわせて、短い間隔でリリースを繰り返すのが「アジャイル開発」と説明しました。従来は、新しい機能やアップデートを本番環境に反映する場合、深夜の時間帯や休日にシステムのメンテナンス時間を確保して、リリース作業をしていました。しかし、リリースの回数やリリースの対象が増えるにつれ、メンテナンス時間だけでは足りなくなることもあります。また24時間365日常に稼働するシステムで、メンテナンスによるシステム停止を行うと、顧客満足度の低下やビジネスとしての機会損失につながります。そのため、メンテナンスによる停止日をなくすシステムも増えてきました（図表37-1）。

そこで、リリースまでのプロセスを迅速化し、その速度にあわせてリリース、かつリリース時のシステムへの影響を最小限にするニーズが生まれてきました。

▶ システムのメンテナンス時間の不足 図表37-1

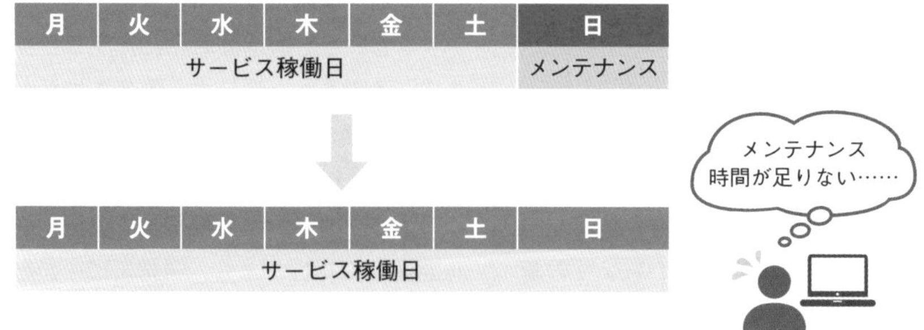

システムの停止日をなくすことが増え、システムのメンテナンス時間が足りないという問題がある

開発チームと運用チームが対立するという問題

リリース作業における問題点はほかにもあります。従来の「システムを計画停止してその間にリリース作業を行う方式」では、リリース作業中は運用チームが監視を行う必要がないので、開発チームだけで完結する作業でした。しかし稼働中のシステムにリリース作業を行うなら、システムを安定的に稼働させながら作業する必要があります。この「システムを安定的に稼働させる」ことは運用チームが担う役割なので、運用チームは、リリース作業に対して慎重になります。それに対して開発チームはデプロイを迅速に行いリリース回数を増やしたいと考えるため、開発チームと運用チームが対立してしまうという問題が発生します。

開発チームと運用チームが協力しあう「DevOps」

そこで必要になったのが、DevOps（デブオプス）という考え方です。DevOpsとは、「開発（Development）」と「運用（Operations）」を組み合わせた言葉です。図表37-2にある左側の円では、開発チームが新しいアプリケーションの作成や機能改修、ソースコードのビルドとテストを行うことを表しています。そして右側の円では、システムのリリースとデプロイを行い、そのシステムのモニタリングも運用チームが行うことを表しています。その結果は、開発チームが行う次のアプリケーション開発へとつながっていきます。このように、開発チームと運用チームが協力しながらソースコードのビルドとテスト、デプロイを行うことで、システムへの影響を極力減らし、リリース後も安定した運用を行うことを目的とした思想が「DevOps」です。

DevOpsにより、アジャイルで定期的に繰り返される開発を、システムを停止することなく本番環境へ適用できるようになります。

▶ DevOps 図表37-2

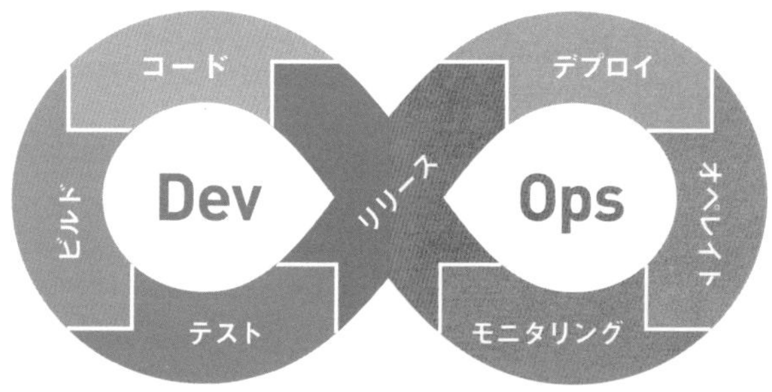

開発チームと運用チームが協力してサービスを提供していく、それが「DevOps」

開発と運用では文化が異なるという問題もある

オンプレミスでの開発が主流だった時代に、筆者がリリース作業を行っていた際にも感じたことですが、基本的に開発チームと運用チームは協力しあうことが少ないのが前提でした。先ほど説明した「目的」の違いだけではなく、開発チームと運用チームでは役割が分かれているため、使用する技術にはじまり、勤務形態やコミュニケーション方法といった文化的な面も異なります。そのため、関わること自体がほぼないことが普通だったのです。

AWSがDevOpsの遂行にもたらしたもの

「開発」と「運用」という文化的にも業務的にも異なるチームが協力してDevOpsを推進することは、筆者も以前は、とても困難なことだと感じていました。しかしクラウドの中でも、AWSが世の中に浸透していくうちに、大きく変わってきたことがあります。それは、開発チームと運用チームが、同じ技術用語やツールを利用するようになったことです。

以前は、開発チームと運用チームでは使用するツールや技術は、ほとんど違うものでした。たとえば開発チームであれば「使用するサーバーのスペックをどれから選ぶか」、運用チームであれば「どのサーバーを停止させるか」といった作業が必要であり、それらは別々に行われていました。しかしAWSなら、両者を同じマネジメントコンソール（P.044参照）で行えます。

マネジメントコンソールでは、EC2やRDSの起動だけではなく、CloudWatchを使ったシステム監視や、AWS Backupを使ったバックアップの設定といった運用チームで使う機能も設定できます。そのため、開発チームと運用チームがAWSを通じて、同じ技術用語やツールの目的を理解しコミュニケーショをしやすくなりました（図表37-3）。

AWSは開発や運用をしやすくするだけではなく、DevOpsを遂行しやすくする影響をもたらしているのを感じます。

リリース作業の自動化を行う「CI/CD」

アジャイル開発とクラウドの組み合わせによって「短い間隔でリリースを繰り返す」ことができるようになり、DevOpsによってそのリリースサイクルをよりスピーディーに回すことができます。しかしそのためには、ソースコードはより細かい単位で何度もソースのリポジトリにマージされることになります。そのたびにテストおよびリリースを開発チームと運用チームが協力して行うのではなく、テストおよびリリースを自動的に行うことにより開発スピードを上げることを、Continuous Integration/Continuous Delivery（継続的インテグレーション/継続的デリバリー）、略してCI/CDといいます。このCI/CDにより、開発チームと運用チームがテストやリリースにかけていた工数をより、エンドユーザーの満足度が上がる開発に使えるようになります。AWSでは、CI/CDサービスも多数提供されています。AWSのCI/CDサービスは、第6章で紹介します。

▶ AWSがもたらしたもの 図表37-3

従来の「開発」と「運用」

AWS導入後の「開発」と「運用」

マネジメントコンソール

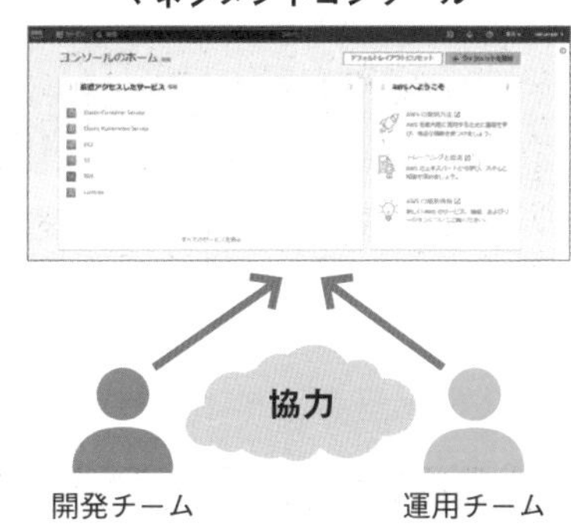

AWSはさまざまなサービスを提供するだけではなく、「開発」と「運用」が協力しやすい環境をもたらした

人がやらなくてもよいことをAWSに実施させることで、よりビジネス価値の高いことに時間を使えるようになります。

COLUMN

名前で見分けるサービスの特徴

ここで、AWSに関する豆知識を紹介しましょう。

AWSサービスには、Amazon EC2やAmazon S3、Amazon RDSなど「Amazon」で始まるサービスと、AWS Lambda、AWS CodeCommit、AWS CloudFormationなどの「AWS」で始まるサービスがあります。すべてこの条件でサービス名が付けられているわけではありませんが、「Amazon」はサービス単体として利用できるものに付けられているのに対して、「AWS」はほかのAWSサービスと連携して使用されるサービスに対して付けられている傾向があります。

たとえば第6章で紹介するAWS CodeCommitやAWS CodeDeployは、EC2やECS、LambdaのCI/CDを実現するために利用されるサービスであり、また第6章で紹介するAWS CloudFormationもCloudFormationを利用してほかのAWSサービスを展開するためのサービスです。どちらも単体で利用するものではなく、ほかのAWSサービスと連携することにより利用できるものです。そのため、最初が「AWS」となっているのです。

▶ Amazon EC2 図表37-4

EC2は「Amazon」で始まるサービス名になっている

▶ AWS CodeCommit 図表37-5

CodeCommitは「AWS」で始まるサービス名になっている

Chapter 6
開発を効率化するサービスを使いこなそう

クラウドはアジャイル開発と相性がよいので、必然的に、開発を効率化する「CI/CD」を導入することが多くなります。本章では、AWSのCI/CDサービスについて見ていきましょう。

Lesson [CI/CD]

38 開発の効率化に必須ともいえる「CI/CD」

このレッスンのポイント

本章では、開発そのものではなく、開発をスムーズに進めるための手法である「CI/CD」をAWSで実現するサービスを解説していきます。具体的なサービスを解説する前に「CI/CD」がなぜ必要なのかを見ていきましょう。

開発環境の課題を解決する「CI/CD」

本章で扱うCI/CDとは、「Continuous Integration（継続的インテグレーション）/Continuous Delivery（継続的デリバリー）」の略称であり、アプリケーション開発におけるビルドやテスト、デプロイメントを自動で本番環境に適用できるような状態にしておく開発手法のことをいいます。

一般的に、システム開発には大きく2つの課題があります。それは「属人的な確認による不具合の発生」と「リリース作業のコストの増大」です（図表38-1）。この課題を解決するには、CI/CDが有効です。P.206でも述べたとおり、クラウドを使ったアプリケーションの開発はアジャイル開発で行われることがよくあります。そのためアプリケーションを一度リリースしたら終わりではなく、アップデートや機能追加などのリリースを繰り返し実施していきます。この繰り返されるリリース作業を毎回属人的に行うのではなく、自動化されたプロセスで行うCI/CDの導入は必須といえます。

近ごろのAWSを使った開発では、アプリケーション自体に必要なEC2やVPCなどに加えて、AWSのCI/CDサービスがよく使われています。

▶ システム開発時によくある2つの課題 図表38-1

課題①：属人的な確認による不具合の発生
課題②：リリース作業には多くのコストが必要

課題① 属人的な確認による不具合の発生

システム開発における1点目の課題は「属人的な確認による不具合の発生」です。システム開発では、複数のエンジニアが関わります。各エンジニアが作成または修正したソースコードをGitHubのようなリポジトリにマージする際は、「エラーが発生していないか」「既存の機能に影響がないか」など、ソースコードが正常に動作するかの確認が必要です。この確認を各開発者が手動で行うと、ほかの開発者と確認手順が異なっていたり見落としていたりといった、属人的なエラーが発生するリスクが高くなります。人間が作業している以上、不具合の発生は避けられないという前提でビルドやテストなどの確認作業は実施しますが、手動で注意深く行えば行うほどビルドやテストには工数がかかります。

また確認工数が高いからといって確認する間隔を空ければ空けるほど、ソースコードの不具合が長時間修正されないので、対応工数は大きくなっていきます。

▶ 属人的な確認によって起こること 図表38-2

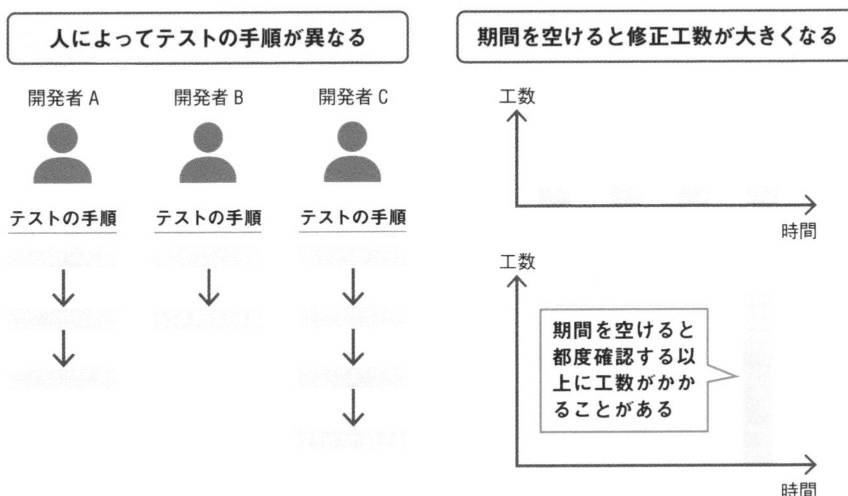

属人的な確認によって不具合が発生する可能性は高くなる。かといって、確認の間隔を空けると、対応工数が大きくなる

属人的なエラーを防ぐため、注意深く確認する方法としては、複数名による「ダブルチェック」「トリプルチェック」などがあります。しかし作業時間や人件費がかかるため、ダブルチェックを実施し続けるのは難しいというのが実情です。

課題② リリース作業には多くのコストが必要

2点目の課題は、「リリース作業には多くのコストが必要」なことです。一般的なリリース作業は「開発環境で作成したアプリケーションを本番環境へコピー」「既存アプリケーションの停止後に新しいアプリケーションのリリースを行う」「アプリケーションを起動」という流れで行います（図表38-3）。そして最後に、アプリケーションの稼働確認を行います。このように、アプリケーションのリリース作業には多くの工程があるので、それらすべてを手動で行うと人的ミスが発生するというリスクがあります。

またリリース作業自体は、ビジネス的な価値を直接生み出しません。それにもかかわらず、作業手順書の作成やリリース作業を行う要員の確保といった多くのコストがかかってしまうのは、ビジネス的にもよい状況とはいえないでしょう。

▶ リリース作業に必要なコスト 図表38-3

リリース作業には大きく上記6つの工程があるので、それらをすべて手動で行うとコストがかかる

エンドユーザーは新しい機能やアプリケーションの改善に価値を感じるため、リリースにかかるコストは最小化することが望ましくなります。そこで、CI/CDが必要になってきます。

CI/CDは「ビルドやテストを自動化する」しくみ

CIとは、開発者が書いたソースコードをリポジトリにマージ（統合）して、ビルドやテストを自動的に実行する開発手法のことです。一方、CDは、アプリケーションを本番環境に自動的にリリースすることを指します。またアプリケーションを本番環境にリリースする前には、開発環境やステージング環境などでも同様にリリースする必要があるため、本番環境以外も自動デプロイなどが必要です。このように、リリースまでの手順を定義し、実行する流れのことをCI/CDパイプラインといいます（図表38-4）。CI/CDによって、システム変更が迅速に行えるだけではなく、不具合の早期摘出ができるというメリットがあります。

また、誰でも同じ流れのデプロイを実施できるので、人的ミスの発生リスクが下がるというメリットもあります。これは第5章で説明した、リリース時だけではなく通常運用時でも開発と運用が共に協力することで、障害などのリスクを極力減らし価値ある変更を続けるDevOpsでも重要な要素になります。

▶ CI/CDパイプライン 図表38-4

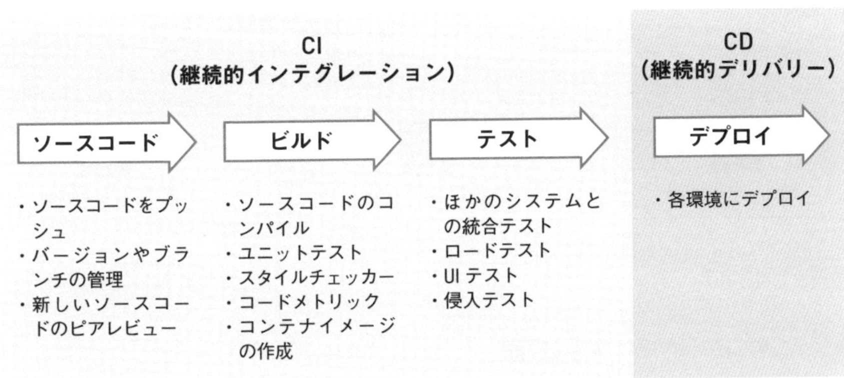

「ソースコード」「ビルド」「テスト」「デプロイ」という流れのことを「CI/CDパイプライン」と呼ぶ

CI/CD は設定項目が多いですが、繰り返しリリースを行うサービスでは品質向上に役立ちます。一方、リリースや機能アップデートを頻繁に行わないサービスでは、利用価値が下がるので、計画的に導入の可否を考えましょう。

AWSで提供されているCI/CDサービス

AWSではCI/CDを実現するためのサービスが提供されています。そのため、一からCI/CDサイクルを構築する必要がなく、比較的導入がしやすくなっています。CI/CDに関するサービスはいくつかありますが、特によく使われるのは、AWS CodePipelineとAWS CodeCommit、AWS CodeBuild、AWS CodeDeployです。これらのサービスを使ってCI/CDパイプラインを構築すると、図表38-5になります。

▶ AWSで構築したCI/CDパイプライン 図表38-5

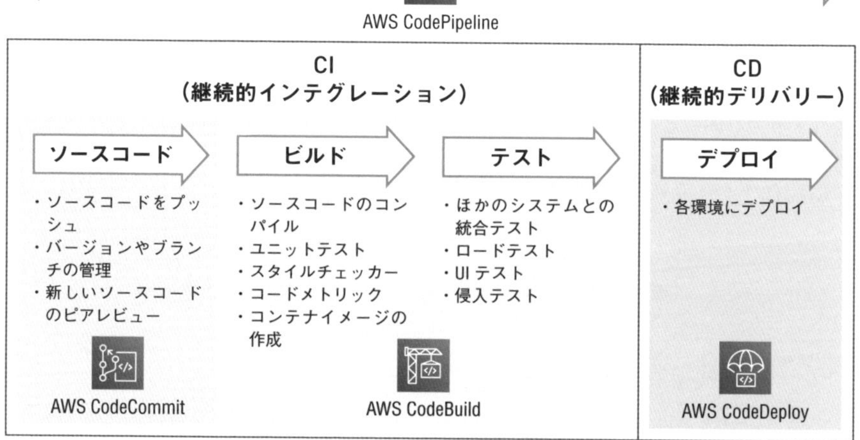

AWS CodeCommit、AWS CodeBuild、AWS CodeDeployが各工程を担当し、AWS CodePipelineはパイプラインの構築を担う

▶ AWSのCI/CDサービス 図表38-6

サービス名	提供機能	概要
AWS CodePipeline	リリースプロセスの管理	ソースコードをリリースするために必要なステップのモデル化、視覚化、および自動化に使用できる継続的な配信サービス
AWS CodeCommit	ソースコードの管理	セキュアでスケーラブルなGitと互換性のあるソースコードの管理機能を提供
AWS CodeBuild	ソースコードのビルドとテスト	ソースコードのコンパイルやテストを自動で実行
AWS CodeDeploy	ソースコードのデプロイ	EC2やLambdaなどの各環境に自動でデプロイを実施

CI/CD利用時のポイント

ここまで紹介したようにCI/CDには多くのメリットがありますが、いくつか注意点もあるので紹介しましょう。

まずは、CI/CDパイプライン自体のメンテナンスコストがかかる点です。たとえば、クラウドで開発したアプリケーションで使用しているプログラミング言語のバージョンアップや、ソースコードの追加によるビルド方法の変更やテストの追加、デプロイプラットフォームの変更などが発生した場合、CI/CDパイプライン内の定義も修正が必要です。そのため、誰がどのタイミングでどうCI/CDパイプラインをメンテナンスするのか、あらかじめルールを決めることがCI/CD導入のポイントです。そして、CI/CDでは自動でテストを実行しますが、テストの実行にはテストコードの作成が必要です。そのため、CI/CDを導入するということはテストコードを作成するコストがかかるということです。したがって、やみくもにすべてのロジックに対してテストコードを用意するのではなく、コーディング範囲を限定してコストを下げるのが有効な手段の1つです。たとえば、テストコードを作る対象を「アプリケーション内で重要な機能」「ロジックが複雑な機能」「頻繁に変更が発生する機能」などに限定するとよいでしょう。

▶ CI/CDにもコストはかかる 図表38-7

① CI/CD パイプラインのメンテナンスコスト

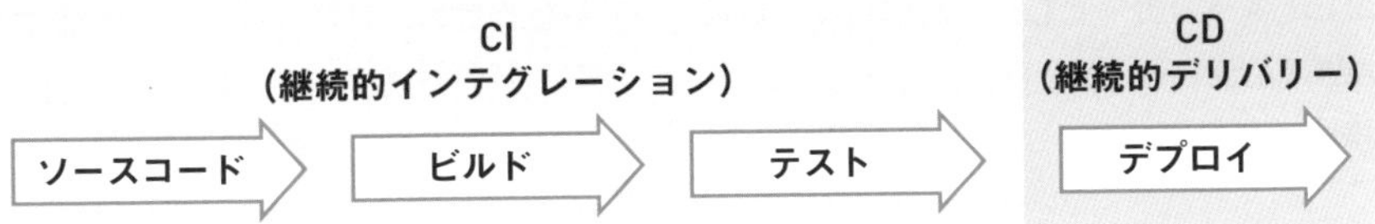

②テストコードの作成コスト

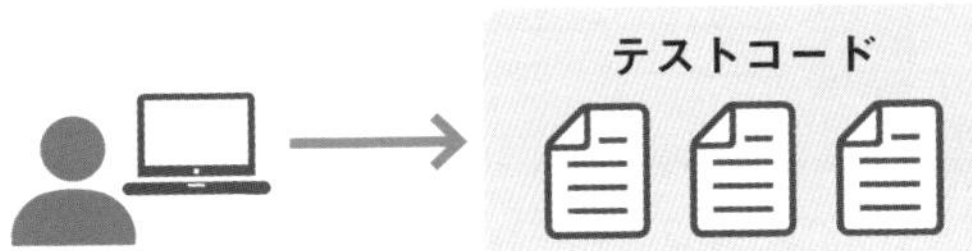

CI/CDでも「パイプラインのメンテナンス」「テストコードの作成」といったコストが必要

CI/CD を実現するにもコストがかかるので、やみくもに導入すればいいものではなく、規模が大きく、かつシステムの変更頻度が多い場合に導入するのがよいでしょう。

Lesson [AWS CodePipeline]

39 CI/CDパイプラインを構築する「AWS CodePipeline」

このレッスンのポイント

AWSのCI/CDサービスを使ってCI/CDパイプラインを構築するには、「AWS CodePipeline」を使います。AWS CodePipelineを使う場合に押さえておきたい用語がいくつかあるので、あわせて解説します。

AWS CodePipelineとは

AWSの各サービスでCI/CDパイプラインの構築を行うには、AWS CodePipeline（以降、CodePipeline）を利用します。CodePipelineはフルマネージド型の継続的デリバリーサービスです。ソースコードが変更されたことをトリガーとし、AWS CodeCommit、AWS CodeBuild、AWS CodeDeployなどと連携することで、パイプラインの構築からテスト、デプロイまでを簡単に自動化できます（図表39-1）。

またこの自動化のプロセスがCodePipelineによって可視化されることにより、CI/CDのどの処理がいつ行われたかがわかりやすくなるため、たとえばエラーが発生した際にどの処理でエラーになったかを切り分けやすくなります。

▶ CI/CDパイプラインにおけるCodePipeline 図表39-1

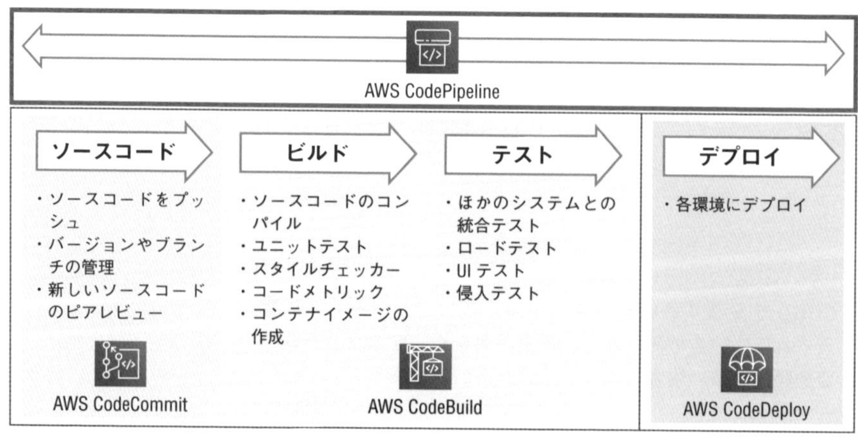

CodePipelineはパイプライン自体の構築を担う

CodePipelineの用語

Pipelineを理解するためには、押さえておくべき用語がいくつかあるので、紹介しておきましょう。まずは、パイプラインです。パイプラインとは、ソフトウェアが変更される際にソースコード、ビルド、デプロイなどの一連の流れをどのように通過するかを記述したワークフローのことです。そのパイプラインの中には、ステージがあります。ステージとは、ソースコード、ビルド、デプロイという各工程のことです。

そして、ステージにはさらにアクションが含まれています。アクションとは、ステージ内での処理のことです。たとえば「CodeCommitからソースコードを取得する」などがアクションです。

各ステージでは中間生成物があります。これを、アーティファクトと呼びます。ソースコードの定義ファイルやライブラリ、構築されたアプリケーションなどを指します。アーティファクトは、各ステージの入力値となる「入力アーティファクト」と、処理結果を出力する「出力アーティファクト」があります。

▶ CodePipelineの用語 図表39-2

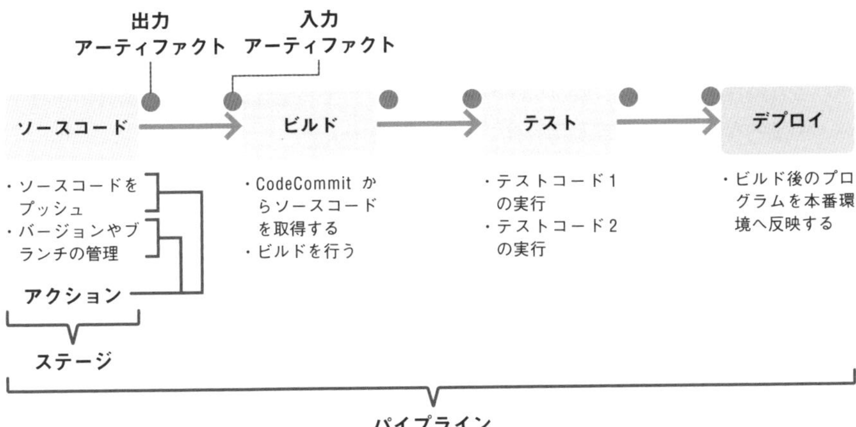

アクションをまとめた各工程がステージ、ステージをまとめたものがパイプライン。ステージごとの生成物はアーティファクトと呼ぶ

CodePipeline は、CI/CD サービス全体をコントロールしているため設定項目も多く複雑に感じますが、このあと説明する CodeCommit、CodeBuild、CodeDeploy の各ステージが何をしているか、次のステージに何を渡すのかを把握できると、理解しやすくなります。全体と個別の両方の視点でゆっくり理解していきましょう。

Lesson 40 [AWS CodeCommit]

ソースコード管理サービス「AWS CodeCommit」

このレッスンのポイント

ここからは、CI/CDパイプラインの各工程を担うAWSサービスを順に紹介していきます。CI/CDパイプラインの1つ目のステップである「ソースコード」には、「AWS CodeCommit」というサービスを用います。

AWS CodeCommitとは

AWS CodeCommit（以降、CodeCommit）は、フルマネージドのソースコード管理サービスです（図表40-1）。オープンソースのバージョン管理ツールであるGit（ギット）と互換性があるため、CodeCommitでは、標準的なGitコマンドが利用可能です。

またCodeCommitのストレージには、P.090でも紹介したS3が使われているので、スケーラビリティや可用性、堅牢性も非常に優れています。リポジトリに保存できるファイル全体の容量も、実質上限はありません。

▶ CI/CDパイプラインにおけるCodeCommit 図表40-1

ソースコード
- ソースコードをプッシュ
- バージョンやブランチの管理
- 新しいソースコードのピアレビュー

ビルド
- ソースコードのコンパイル
- ユニットテスト
- スタイルチェッカー
- コードメトリック
- コンテナイメージの作成

テスト
- ほかのシステムとの統合テスト
- ロードテスト
- UI テスト
- 侵入テスト

AWS CodeBuild

CodeCommitはソースコードの管理を担う

バージョン管理とGit

開発だけではなく普段の業務でも、テキストやExcel、PowerPointなどさまざまなファイルを作成・編集するでしょう。このようなファイルを編集する際、毎回新しく作成するのではなく以前のファイルに追記しアップデートを行うのが一般的です。このアップデートによって変化するファイルの状態のことをバージョンといいます。

そして、このアップデートにより以前の情報が消えてしまったり確認できなくなってしまったりすることを避けるために、ファイルをコピーして同じファイルを複数バージョン保持することをバージョン管理といいます。

Gitは、複数人でファイルのバージョン管理を行うために利用されるツールです。ファイルの変更と変更履歴を記録し、どのような変更を行ったかをチーム内で共有、必要によっては記録した時点へファイルを戻すことができます。そのため、チームで開発する際のソースコード管理によく使われます。

CodePipelineとの連携

ソースコードをCodeCommitへコミット（ファイルやディレクトリの追加・変更を、リポジトリに記録）すると、コミットされたソースコードがCodePipelineを通じてCodeBuildに連携され、コンパイルや、ソースコードにエラーがないか・既存の機能を破壊していないか、というテストが実施されます（図表40-2）。

なお、CodeBuildについては、次のレッスンで解説していきます。

▶ CodeCommitとCodePipelineとの連携 図表40-2

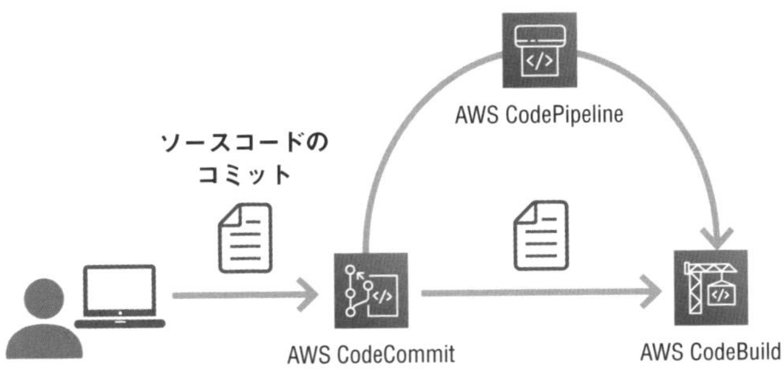

ソースコードがCodeCommitへコミットされたらCodeBuildでビルドとテストが行われる。その制御はCodePipelineが行う

Lesson 41 [AWS CodeBuild]

ビルドサービス「AWS CodeBuild」

このレッスンのポイント

本レッスンでは、CI/CDパイプラインの2つ目と3つ目のステップである「ビルド」「テスト」について解説します。本工程では、フルマネージドなビルドサービスである、AWS CodeBuildを使います。

AWS CodeBuildとは

AWS CodeBuild（以降、CodeBuild） は、フルマネージドなビルドサービスであり、ソースコードのコンパイルやテストの実行、ソフトウェアのパッケージの作成と実行を、ビルドサーバーを用意せずとも実行可能です（図表41-1）。フルマネージドのため、複数のビルドを同時に実行してもスケールを気にする必要がありません。なお、ビルドを実行するたびにAWS側ではDockerコンテナが実行され、各ビルドが行われます。

また料金は、ビルド開始からテストを含めて、ビルドが終了するまでの実行中の時間に対して発生します。

▶ CI/CDパイプラインにおけるCodeBuild 図表41-1

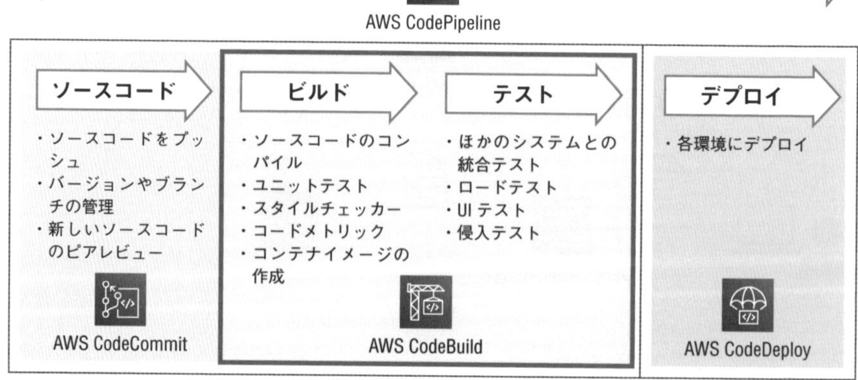

CodeBuildはソースコードのビルドとテストを担う

コンパイルとビルドとは

CodeBuildでは、コンパイルやビルドを行うと記述しましたが、コンパイルとビルドではどのような処理が行われるのかをあらためて紹介しましょう。
一般的にシステムを開発する際は、1つのファイルにすべての機能のソースコードを書くのではなく、機能や処理ごとに分けます。また、エンジニアが書いたソースコードは、そのままではコンピューターが処理できないため、コンピューターが処理できるように翻訳（変換）を行います。この翻訳（変換）のことをコンパイルといいます。そして複数のソースコードをコンパイルし、1つにまとめて実行可能なファイルにすること全体をビルドといいます。
たとえばカレーライスを作る際に、「ご飯を炊く」というソースコード、「カレーのルーを作る」というソースコードを作成するとします。これをコンピューターが理解できるようにするために、コンパイルで機械語（オブジェクトコード）に変換することがコンパイル、「ご飯を炊く」と「カレーのルーを作る」という機能をまとめるまでの工程全体がビルドです（図表41-2）。

▶ コンパイルとビルド 図表41-2

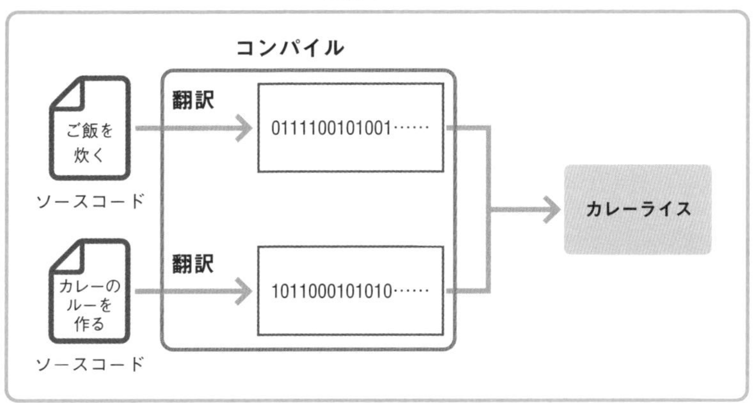

機械語への翻訳を「コンパイル」、コンパイルとそれらをまとめること全体を「ビルド」と呼ぶ

ビルドやコンパイルで何をしているかを理解することにより、CodeBuild で設定する際にイメージが湧きやすくなるので、用語を押さえておきましょう。

CodeBuildを利用する際に必要なもの

CodeBuildを利用する際、ソースコードそのものだけではなく、ビルドの仕様を記述したYAML形式のファイルである、buildspec.ymlの作成が必要です。YAMLは、プログラムだけではなく人間にとっても理解しやすい言語であり、設定ファイルの記述に使用されることが多いのが特徴です。buildspec.ymlには、ビルド前とビルド中、ビルド後という各工程でCodeBuildが実行するコマンドを記述します（図表41-3）。作成したbuildspec.ymlは、CodeCommitやGitHubといったリポジトリか、S3にアップロードします。

▶ buildspec.ymlには実行するコマンドを記述する 図表41-3

ビルドの前・中・後の各工程で実行するコマンドを記述する

buildspec.ymlに記述する内容

buildspec.ymlに必須の記述である「version」「phases」と、CodeBuildの出力先を定義する「artifacts」について紹介します。図表41-4 は、CodeBuildがコンテナイメージをビルドしECRリポジトリへプッシュを行う際に利用する、buildspec.ymlの例です。

先頭の「version」は、buildspecのバージョンを表します。現在の最新は「0.2」なので、特に理由がなければ「0.2」を記述します。続く「phases」には、ビルド時にCodeBuildが実行するコマンドを定義します。

そして「artifacts」には、CodePipelineで後続のフェーズにタグ情報を渡すためのアウトプットアーティファクトを指定できます。

▶ buildspec.ymlの例 図表41-4

```
version: 0.2 ················ buildspecのバージョン
phases: ······················ CodeBuildが実行するコマンドの定義
  pre_build:
    commands:
      - REPOSITORY_ENDPOINT=999999999999.dkr.ecr.ap-
northeast-1.amazonaws.com
      - REPOSITORY_NAME=ichiyasa-ecr
      - REPOSITORY_URI=$REPOSITORY_ENDPOINT/$REPOSITORY_
NAME
      - aws ecr get-login-password --region ap-northeast-1
| docker login --username AWS --password-stdin $REPOSITORY_
ENDPOINT
      - IMAGE_TAG=$(echo $CODEBUILD_RESOLVED_SOURCE_VERSION
| cut -c 1-7)

  build:
    commands:
      - docker build -t $REPOSITORY_URI:latest .
      - docker tag $REPOSITORY_URI:latest $REPOSITORY_
URI:$IMAGE_TAG

  post_build:
    commands:
      - docker push $REPOSITORY_URI:latest
      - docker push $REPOSITORY_URI:$IMAGE_TAG
      - printf '{"Version":"1.0","ImageURI":"%s"}'
$REPOSITORY_URI:$IMAGE_TAG > imageDetail.json

artifacts: ··················· 後続のフェーズに渡す情報の指定
    files: imageDetail.json
```

ビルド前・中・後に実行するコマンドについては、「phases」に記述します。「phases」に記述するフェーズについては、図表41-5にまとめたので、参考にしてください。

▶「phases」内に記述するフェーズ 図表41-5

フェーズ	概要
pre_build	ビルド前にCodeBuildが実行するコマンドがあれば、そのコマンドを記述する。CodeBuildは、最初から最後まで、各コマンドを一度に1つずつ指定された順序で実行する。図表41-4 では、pre_buildフェーズで主にECRリポジトリへのログインを行い、ビルドIDのプレフィックスをコンテナイメージのタグに指定している
build	ビルド中にCodeBuildが実行するコマンドがあれば、そのコマンドを記述する。図表41-4 では環境変数で指定したリポジトリURIを取得し、コンテナイメージのビルドを実施している
post_build	ビルド後にCodeBuildが実行するコマンドがあれば、そのコマンドを記述する。図表41-4 ではビルドしたコンテナイメージをECRリポジトリにプッシュしている

buildspec.ymlの「phases」内に記述できるフェーズはいくつかある

buildspec.yml には、そのほかにも仕様や構文があるので、詳細を知りたい人は 図表41-6 の Web ページを参照してみましょう。

▶ buildspecの構文 図表41-6

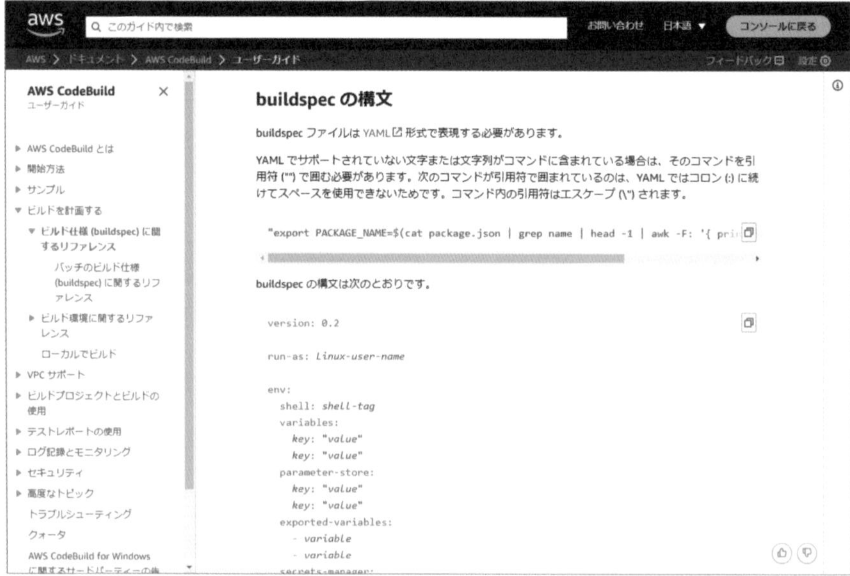

buildspec.ymlの構文の詳細は下記URLを参照
https://docs.aws.amazon.com/ja_jp/codebuild/latest/userguide/build-spec-ref.html#build-spec-ref-syntax

Lesson 42 [AWS CodeDeploy]

デプロイサービス「AWS CodeDeploy」

このレッスンのポイント

本レッスンでは、CI/CDパイプラインの4つ目のステップである「デプロイ」について解説します。本工程では、フルマネージドなデプロイサービスである、AWS CodeDeployを使います。

AWS CodeDeployとは

AWS CodeDeploy（以降、CodeDeploy）とは、ソフトウェアのデプロイを自動化するフルマネージド型のサービスです。EC2やLambda、コンテナやオンプレミスのサーバーへのデプロイを自動で行えます。また、アプリケーションのデプロイ中のダウンタイムを回避しながらのデプロイや、デプロイが失敗した際に切り戻しを行うロールバックなども実施できます。

またCodeDeployは、エンジニアがデプロイ先のサーバーを選択してデプロイを実施するPush型のデプロイではなく、デプロイを指示した際にCodeDeployが各インスタンスの必要な変更を取得する、Pull型のデプロイです。

▶ CI/CDパイプラインにおけるCodeDeploy 図表42-1

ソースコード
・ソースコードをプッシュ
・バージョンやブランチの管理
・新しいソースコードのピアレビュー
AWS CodeCommit

ビルド
・ソースコードのコンパイル
・ユニットテスト
・スタイルチェッカー
・コードメトリック
・コンテナイメージの作成

テスト
・ほかのシステムとの統合テスト
・ロードテスト
・UI テスト
・侵入テスト

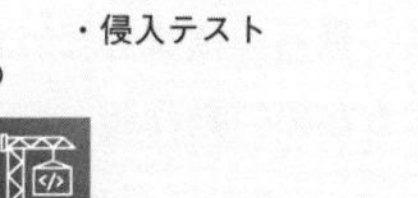

CodeDeployはデプロイを担う

Pull型のデプロイの特徴

Push型のデプロイでは、開発者がデプロイ先のサーバーを把握しておく必要があります。それに対してPull型のデプロイでは、デプロイを指示するとEC2などの各インスタンスが必要な変更を取得します。そのためデプロイを自動化するには、Pull型のデプロイのほうが向いています（図表42-2）。

▶ Pull型のデプロイ 図表42-2

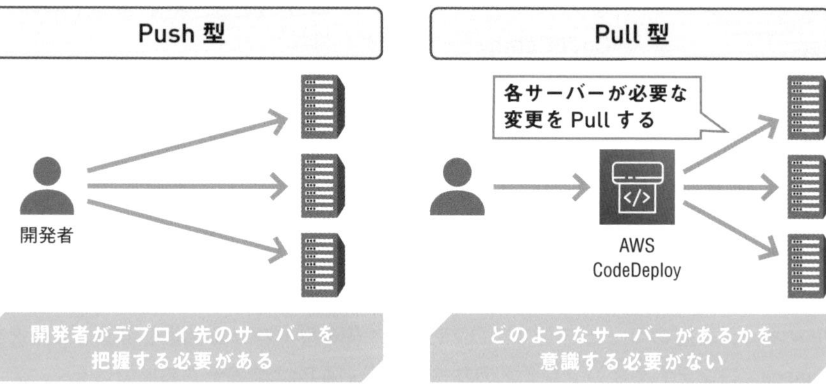

Pull型のデプロイは各サーバーが変更点を取得しにいくので、Push型より、自動デプロイに向いている

CodeDeployでのデプロイ方法

CodeDeployでのデプロイは、EC2とLambda、コンテナでそれぞれ方法が異なります。デプロイ方法には、既存インスタンスの設定を更新するIn-Placeと、新しいインスタンスとノードを構築して、デプロイやテスト後にリクエストの振り分け先を変更するBlue/Greenがあります（図表42-3）。

Blue/Greenでのデプロイは、新しく構築した環境で動作確認ができるため、動作確認の段階で問題があれば、環境の切り戻しができます。ただし、デプロイ前と同じ環境を新しく構築するため、デプロイ時にコストがかかります。

一方In-Placeは、既存の環境に対してデプロイを行うため、デプロイ中のコストを抑えられます。EC2の場合は、「In-Place」「Blue/Green」のどちらかを選択でき、Lambda、コンテナの場合は「Blue/Green」のみ選択できます。

▶「In-Place」と「Blue/Green」 図表42-3

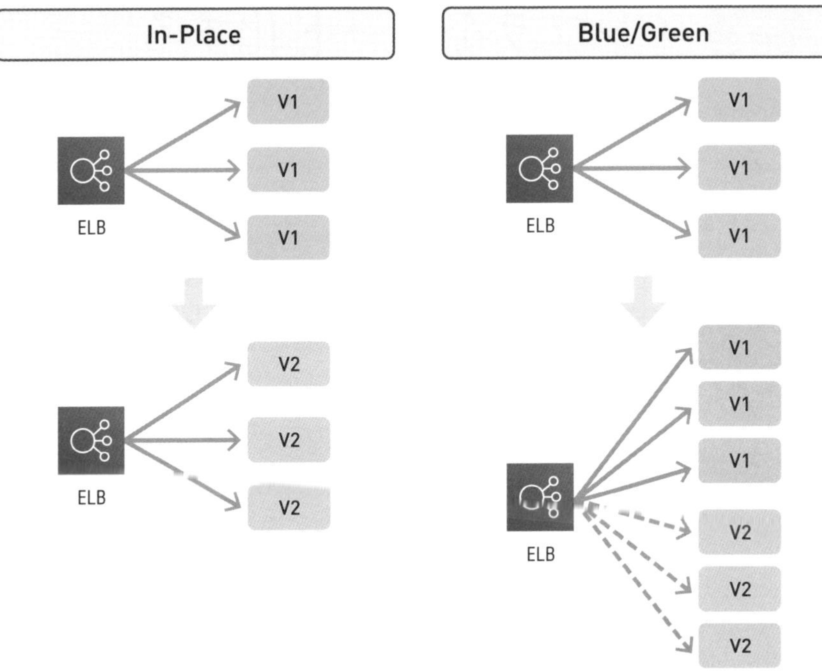

「In-Place」は既存インスタンスを更新する方法、「Blue/Green」は新規にインスタンスを構築して切り替える方法

▶ 各環境でのデプロイ方法 図表42-4

デプロイ先	デプロイ方法
EC2、オンプレミスサーバー	インスタンス単位で新しいアプリケーションに置き換えていく。デプロイメントを行うには、AWS CodeDeploy AgentをEC2もしくはオンプレミスサーバーにインストールする必要がある。またEC2の場合は、「In-Place」「Blue/Green」のどちらかを選択できるが、オンプレミスサーバーは「In-Place」のみ
Lambda	デプロイは、トラフィックを新しい環境にシフトしながら行われる。また新しい環境には、一定期間10%のトラフィックをシフトし、その後すべてのトラフィックを新しい環境にシフトする「カナリアデプロイ」や、一定期間ごとに段階的に新しい環境にトラフィックをシフトする「リニアデプロイ」を選択できる
コンテナ（ECS）	新しい環境をプロビジョニングし、ロードバランサーを利用しトラフィックを切り替えることによりデプロイ行う「Blue/Green」を実施する

CodeDeployでのデプロイは各環境で方法が異なる

Lesson 43 [AWS CloudFormation]

インフラをコード化する「AWS CloudFormation」

このレッスンのポイント

ここまでAWSのCI/CDサービスを解説しました。この章の最後に、開発環境や本番環境の管理を楽にする「IaC」という考え方と、「IaC」を実現するAWSサービスである「AWS CloudFormation」について紹介しておきましょう。

インフラをコード化する考え方〜IaC

第1章でも説明したとおり、クラウドにより、物理サーバーや設備などを調達せずともインフラを準備できるようになりました。そしてクラウドとあわせてアジャイル開発を導入することで、ソフトウェアの開発速度は飛躍的に向上しました。

この流れの中で、インフラを準備する際にも、インフラエンジニアが手作業でソフトウェアを稼働させる環境を構築するのではなく、システムやアプリケーションの開発者でも簡単に素早くインフラを用意できるようにしたいといった、インフラ構築に関するさまざまなニーズが生まれました（図表43-1）。

これらのニーズを解決する方法として、インフラをソースコード化するInfrastructure as Code（IaC）があります。IaCは、ネットワーク構成やサーバーの設定などのインフラを構成する要素をソースコードで記述し、そのソースコードからインフラの構築や変更をソフトウェアによって実行します。AWSではIaCのサービスとして、AWS CloudFormationが提供されています。

▶ インフラに対して生まれたニーズ 図表43-1

- アプリケーションの開発者でも簡単に素早くインフラを用意できるようにしたい
- アプリケーションの稼働環境がすぐに欲しい
- 構成全体を一元管理したい
- 構成の変更を行ったが前の構成に戻したい（バージョン管理）
- 手動での構築の工数を削減したい

IaCを実現するサービス〜CloudFormation

AWS CloudFormation（以降、Cloud Formation）とは、EC2やRDSなどのAWSリソースの作成を、テンプレートをもとに自動化できるサービスです。テンプレートは自分で自由に作成できるので、用途に応じたアーキテクチャをAWS上に自由に再現できます。このテンプレートでは、作成するリソースの情報をJSONやYAMLフォーマットで記述します。 またCloudFormationは追加料金なしで利用でき、テンプレートで作成されたAWSリソースに対してのみ料金が発生します。

一から作る場合とIaCの使い分け

IaCではインフラをテンプレート化するので、同じインフラを繰り返し作成できます。また手作業ではないので、インフラエンジニアでなくアプリケーション開発者であっても、インフラ環境を用意することが可能です。そのため、開発環境以外にも、エンドユーザーごとにインフラを分けてサービスを提供するといった、繰り返しインフラを構築する必要がある場合、IaCを利用すると作業工数を大きく下げられます。ただしIaCでは、テンプレートの作成や、想定どおりにインフラが構築されているかのテストや確認を行う必要があります。そのため、一度構築してしまえば同じインフラを作ることがないといった場合は利用する価値が低くなります。その場合は、マネジメントコンソールを使った、手作業でのインフラ構築のほうが効率的です。

▶ マネジメントコンソールとCloudFormationの使い分け 図表43-2

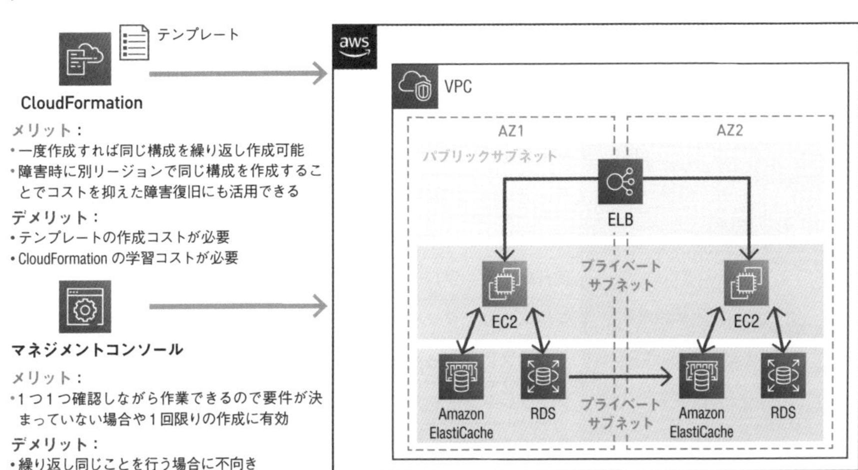

繰り返し作成するインフラかどうかによって使い分けする必要がある

○ テンプレートに記述する内容

CloudFormationにおいて、JSONまたはYAMLのどちらかの記法を用いてリソースを定義したテキストファイルを、CFnテンプレートと呼びます。定められたルールにしたがってCFnテンプレートを作成し、AWSに読み込ませます。そうするとAWS側がテンプレートの内容を解釈し、リソースをプロビジョニングします。

図表43-3は簡単なCFnテンプレートの例です。テンプレートが複数のセクションによって構成されており、さらにそのセクション内に詳細な設定が記述されています。CFnテンプレートには9つのセクションがあり、このうち「Resources」のみ必須セクションです（図表43-4）。それ以外は必要なときに追加します。

▶ CFnテンプレートの例 図表43-3

```
AWSTemplateFormatVersion: 2010-09-09
Description: "Create resources for CFn hands-on"
Resources:
  VPC:
    Type: AWS::EC2::VPC
    Properties:
      CidrBlock: 10.0.0.0/16
      EnableDnsSupport: true
      Tags:
        - Key: Name
          Value: ichiyasa-vpc
```

▶ テンプレートファイルのセクション 図表43-4

セクション名	概要
AWSTemplateFormatVersion	AWS CloudFormationテンプレートのバージョン
Description	テンプレートの説明
Metadata	テンプレートに関する追加情報
Parameters	実行時にテンプレートに渡すことができる値
Mappings	条件に応じてリソース情報を変えたい場合に参照される値
Conditions	リソースに対する操作の条件
Transform	テンプレートを処理する際のマクロ
Resources	作成するAWSサービスおよびその設定
Outputs	ほかのスタックで使用する値や、CloudFormationコンソールで表示する値

○ インフラのリソースを変更する方法

テンプレートから作成されたEC2やRDS、VPCなど、AWSサービスの各リソースをまとめてスタックといいます。 そしてCloudFormationで作成されたリソースは、スタックの単位で管理されます（図表43-5）。

そのためリソースの変更や削除をしたい場合は、各リソースを操作するのではなくCloudFormationでスタックを更新することで行います。

▶ スタックとは 図表43-5

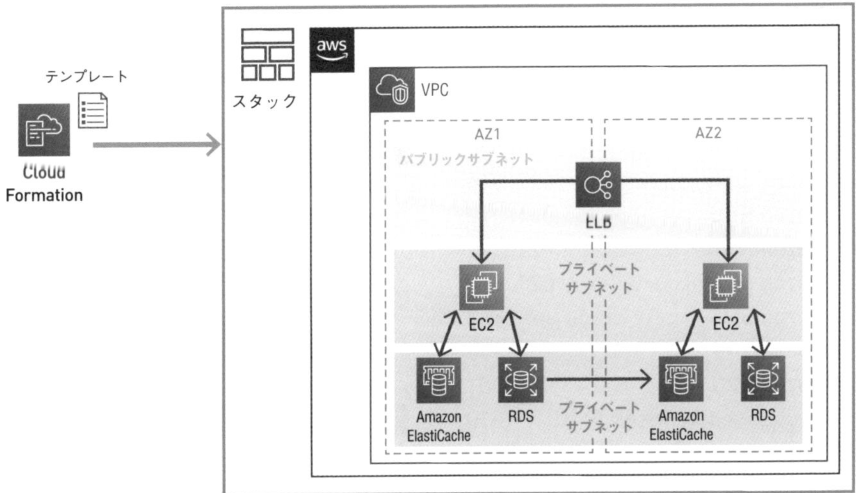

テンプレートから作成された各リソースが1つのスタックとして管理される

CI/CD サービスと CloudFormation は、共に導入時のハードルは高いですが、一度導入すれば日々の運用も効率化できるため、開発者だけではなく運用者にもメリットがあるサービスです。P.211 でも触れましたが、開発者と運用者が同じ目標でシステムを改善していくことができるのが、CI/CD といえるでしょう。

索引

スタッフリスト

カバー・本文デザイン	米倉英弘（細山田デザイン事務所）
カバー・本文イラスト	東海林巨樹
写真撮影	渡 徳博（株式会社ウィット）
本文図版	田中麻衣子
DTP	松澤維恋（リブロワークス・デザイン室）
校正	株式会社トップスタジオ
デザイン制作室	今津幸弘 鈴木 薫
レビュアー	菊地拓也、松尾 優、松田宗哉、吉岡大視、久保玉井 純
編集	藤井 恵（株式会社リブロワークス）
副編集長	田淵 豪
編集長	藤井貴志

■商品に関する問い合わせ先

このたびは弊社商品をご購入いただきありがとうございます。本書の内容などに関するお問い合わせは、下記のURLまたは二次元バーコードにある問い合わせフォームからお送りください。

https://book.impress.co.jp/info/

上記フォームがご利用いただけない場合のメールでの問い合わせ先
info@impress.co.jp

※お問い合わせの際は、書名、ISBN、お名前、お電話番号、メールアドレス に加えて、「該当するページ」と「具体的なご質問内容」「お使いの動作環境」を必ずご明記ください。なお、本書の範囲を超えるご質問にはお答えできないのでご了承ください。

●電話やFAX でのご質問には対応しておりません。また、封書でのお問い合わせは回答までに日数をいただく場合があります。あらかじめご了承ください。
●インプレスブックスの本書情報ページ https://book.impress.co.jp/books/1120101093では、本書のサポート情報や正誤表・訂正情報などを提供しています。あわせてご確認ください。
●本書の奥付に記載されている初版発行日から3 年が経過した場合、もしくは本書で紹介している製品やサービスについて提供会社によるサポートが終了した場合はご質問にお答えできない場合があります。

■落丁・乱丁本などの問い合わせ先

FAX 03-6837-5023
service@impress.co.jp
※古書店で購入された商品はお取り替えできません。

いちばんやさしい新しい(あたら)ＡＷＳ(エーダブリューエス)の教本(きょうほん)

人気講師(にんきこうし)が教(おし)えるＤＸ(ディーエックス)を支(ささ)えるクラウドコンピューティング

2023 年 6 月 21 日　初版発行

著　者　近藤恭平(こんどうきょうへい)、中村哲也(なかむらてつや)

発行人　小川 亨

編集人　高橋隆志

発行所　株式会社インプレス
〒 101-0051　東京都千代田区神田神保町一丁目 105 番地
ホームページ　https://book.impress.co.jp/

印刷所　音羽印刷株式会社

ISBN 978-4-295-01660-1 C3055

Printed in Japan